K-BEAUTY WORKBOOK

저자 약력

김유정

현) 여주대학교 준오헤어스타일과 학과장
대한미용의학회, 대한미용학회 상임이사
기능경기대회 출제, 검토위원
국가자격증(헤어, 피부, 메이크업, 네일) 출제 및 감독위원
전) 유원대학교 뷰티케어과 교수
기능경기대회 미예 분과장, 심사 및 출제위원

K-뷰티 워크북

초판인쇄 | 2025년 9월 20일
초판발행 | 2025년 9월 30일

저　　자 | 김유정
발 행 인 | 조규백
발 행 처 | 도서출판 구민사
(07293) 서울시 영등포구 문래북로 116, 604호(문래동 3가 46, 트리플렉스)
전　　화 | (02) 701-7421
팩　　스 | (02) 3273-9642
홈페이지 | www.kuhminsa.co.kr
신고번호 | 제2012-000055호(1980년 2월 4일)

I S B N | 979-11-6875-607-6 (93590)
정　　가 | 18,000원

머리말

최근 한류의 중심으로 'K-뷰티(K-Beauty)'가 주목받고 있다. 'K-뷰티' 확산 초기에는 한류스타의 인기에 힘입어 그들이 사용하는 화장품, 화장법 등에 대한 관심에서부터 시작하였으나, 최근에는 해외 소비자들이 자발적으로 한국의 뷰티 문화를 소비하고 공유하는 이용 행태를 보임에 따라, K-뷰티는 '한류 열풍'을 주도하는 새로운 콘텐츠로서의 가능성을 보여주고 있다.

미디어의 세분화, 스마트폰의 이용 급증, SNS 소통, 유튜브 콘텐츠의 다양화 · 전문화로 인해 누구나 손쉽게 영상을 제작하여 공유할 수 있는 환경이 조성되었다. 이에 'K-뷰티'는 아시아 국가에서만 소비되는 것이 아니라 소셜미디어를 중심으로 미주, 유럽 등 서양 국가에까지 확산되고 있다,

이 책은 국내 학령인구 감소와 함께 전공별 융합을 꾀하고, K-뷰티의 열광인 시대의 흐름에 발맞춰 헤어스타일링과 함께 피부와 메이크업을 표현하고 관리하는데 있어 기본 이론과 관리, 표현방법을 쉽고 간단하게 익히고자 구성하였다. 또한 뷰티 전반을 위한 가장 기초적인 수업으로 일반인도 쉽게 입문 가능한 기초 자료이다.

이 책의 출판을 위해 적극적으로 도움주신 도서출판 구민사 조규백 대표님과 직원 여러분께 깊은 감사를 드린다.

목차

1

피부의 구조

2

피부 유형 및 관리법

3

기초 메이크업 이론

4

뷰티 일러스트 실습

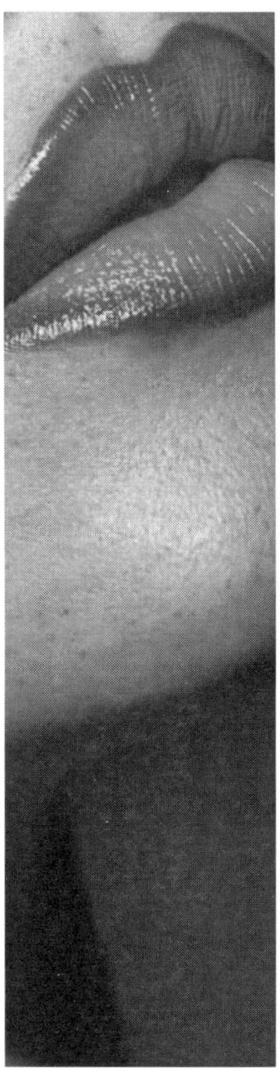
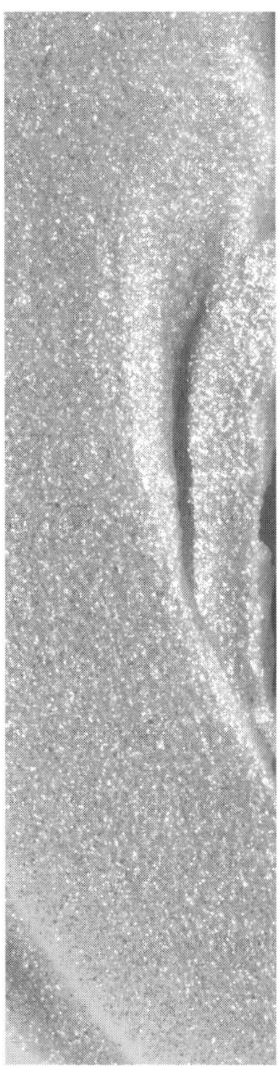
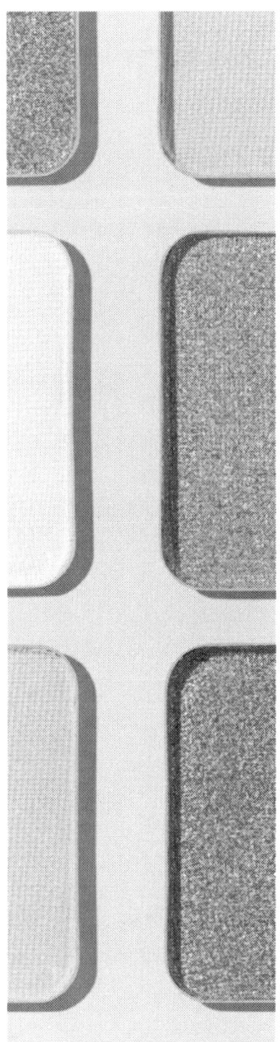
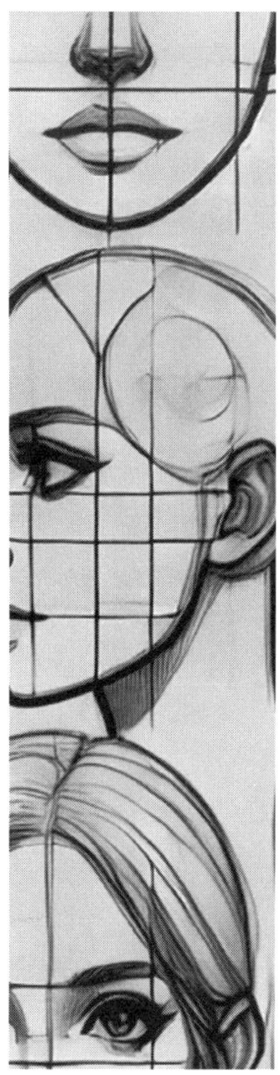

K-BEAUTY WORKBO

1.
피부의 구조

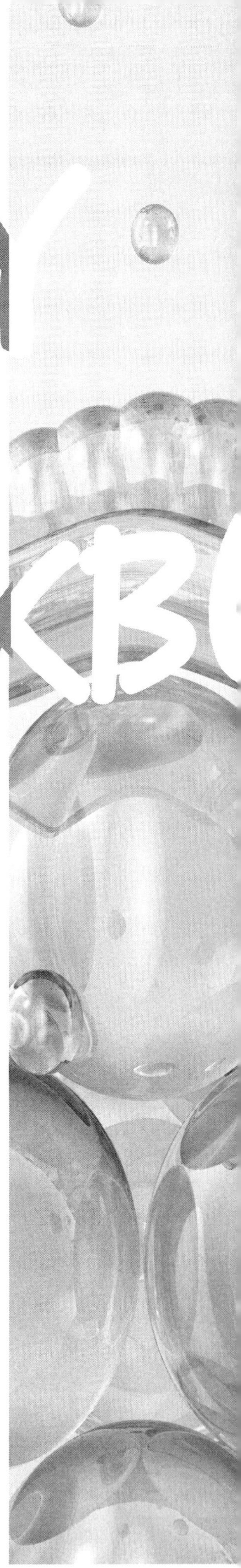

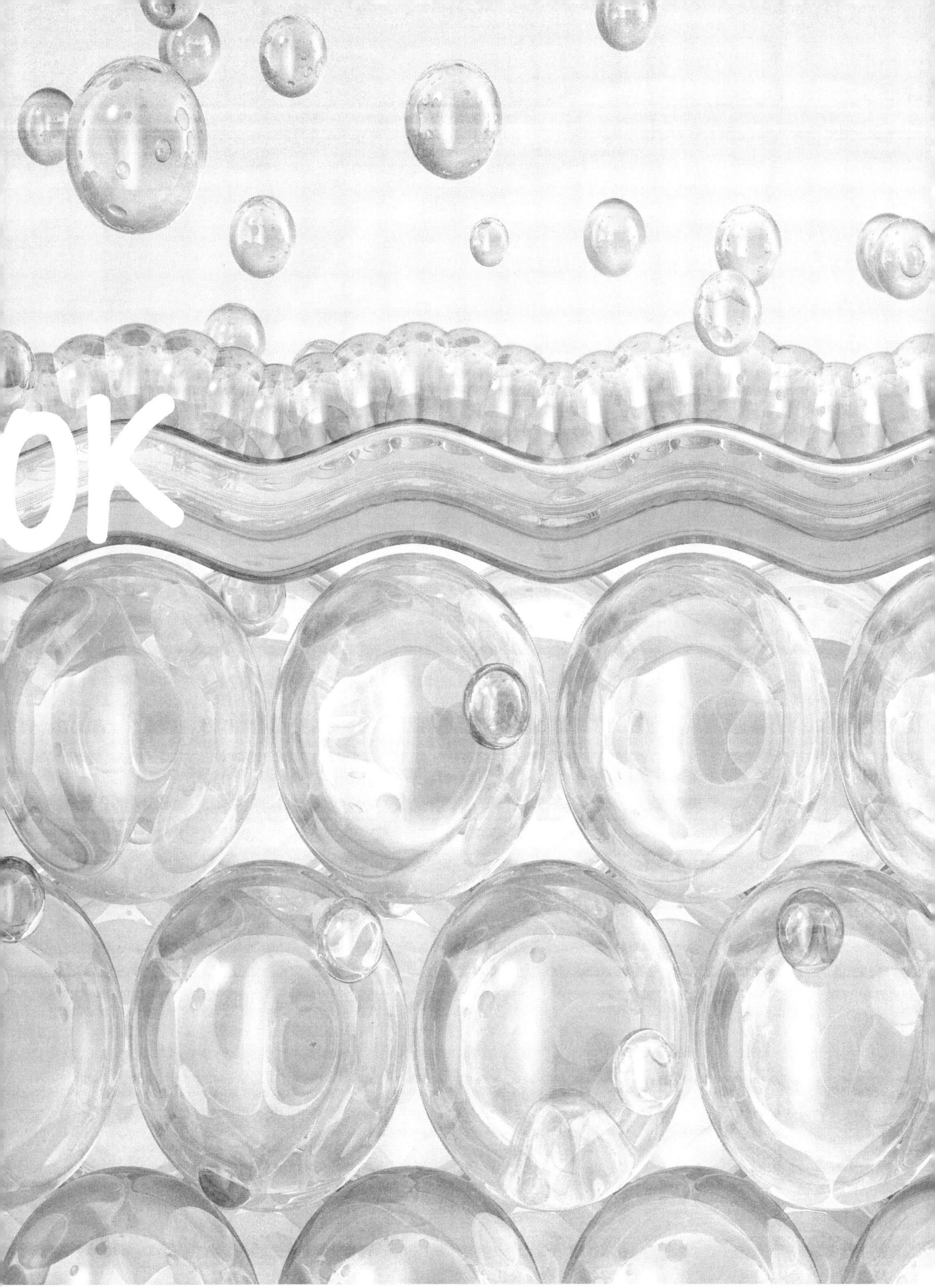
0K

1 피부 개요

피부는 신체의 외부 표면을 덮고 있는 가장 큰 기관이다. 피부의 표면은 육안으로 보면 단순 하고 평평한 구조를 가진 듯하나, 현미경으로 관찰하면 무수히 많은 가느다란 얇은 줄과 이들 줄 사이에는 약간 높은 곳과 우묵한 곳이 존재하는 것을 볼 수 있다. 이때 피부 표면의 우묵한 곳을 피부소구(皮膚小溝, furrow)라 하고 높은 곳을 피부소릉(皮膚小稜, hill)이라 한다. 바로 피부의 결은 피부소구와 피부소릉의 차이에 의해 결정된다. 즉, 피부결이 좋다는 것은 피부소릉 이 낮고 가지런하며 피부소구가 얕아 섬세한 그물모양을 하고 있는 상태이고, 반대로 피부소릉이 높고 피부소구가 깊은 커다란 그물모양을 하고 있는 경우를 피부결이 좋지 않은 상태라고 한 다. 일반적으로 남성들이 여성에 비해 피부소릉이 높고 피부소구가 깊어 피부표면이 거친 편이 다. 소구가 교차하는 곳에는 모발이 나와있는 작은 구멍인 모공이(毛孔) 있고, 피부소릉에는 땀 을 분비하는 구멍인 한공(汗孔)이 있어 피부에 수분 공급과 체온을 조절해 주는 기능을 한다. 또 한 피부와 피부사이의 고랑과 능선이 서로 얽혀 여러 가지 모양의 피부무늬 만드는데 손바닥과 발바닥에 잘 발달되어 있으며 이것을 피문(皮紋)이라 한다. 이러한 피문은 여러 가지 모양으로 생후 1~4개월 경에 생기고 아동기에 발달하여 각 개인의 유전인자에 의해 서로 다른 모양을 이 루고 있으며, 진피층의 능선모양과 대개 일치한다. 따라서 각 개인의 특성을 대표하는 손가락 지문(指紋)은 모든 사람들을 확실히 구별할수있는것이다.

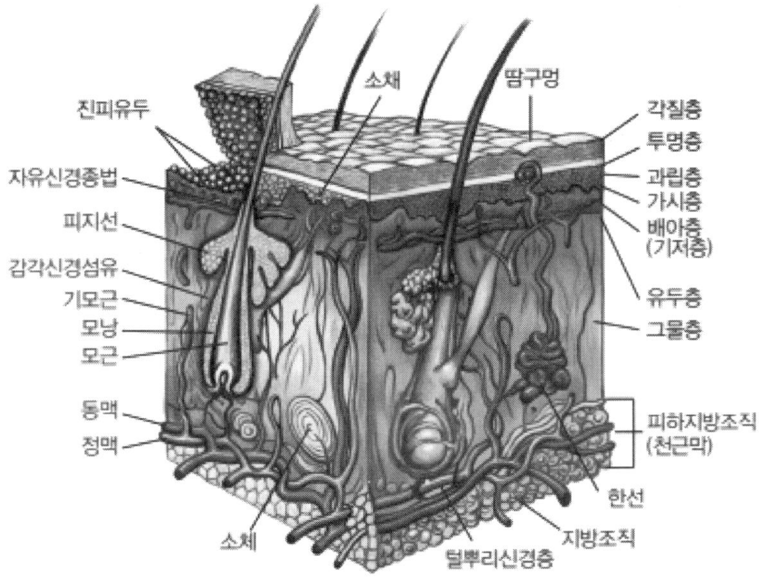

2 피부 구조

1) 표피(Epidermis)

(1) 표피층의 분류

표피는 외배엽에서 유래하며 말피기층(Malpighian layer)이라 불린다. 안쪽 부분은 살아 있 는 세포로 구성되어 있고 외곽부분은 무핵이며 평평하고 건조한 죽은 세포들로 이루어진 각질층 으로 이루어져 있다. 표피의 두께는 보통 0.1mm~0.3mm로 신체부위에 따라 차이가 있다. 표 피의 주요 역할은 신체내부를 보호해 주는 보호막기능으로 외부로부터 세균, 유해물질 및 자외 선의 침입으로부터 방어해준다. 표피는 중층 평평 각화 상피(Stratified squamous cornifying epithelium)로서 거의 95%가 각질형성세포(Keratinocyte)로 이루어져 있으며 그 외에 멜라닌 세포(Melanocyte), 랑게르한스세포(Langerhans cell), 머켈세포(Merkel cell)가 존재한다.

① **각질층**(Stratum corneum, horny layer)

피부의 가장 바깥부분에 위치한 무핵의 세포층으로 대략 20~25층의 평평한 기와 모양의 얇 은 각질판으로 겹겹이 쌓여있다. 세포와 세포 사이는 지질로 구성된 접착물질 성분으로 주로 세 라마이드(Ceramide)가 존재하고 이 물질은 각질층 사이에서 층상의 라멜라(Lamella) 구조로 존재한다. 이러한 구조로 되어 있는 지질성분은 각질층 사이가 단단하게 결합될 수 있도록 하며 수분의 손실을 억제해준다. 각질층은 피부표면에 가까울수록 세포 간의 접착력이 약해져 간격 이 생겨 보통의 경우 비듬 모양의 얇은 조각으로 눈에 보이지 않게 한 장씩 떨어져 나가는데 이 를 박리 현상이라 한다. 각질층의 구성 성분과 함유량은 각질단백질인 케라틴(Keratin)약58%, 각질세포간지질(Lipid)약 11%, 천연보습인자(Natural moisturizing factor)약31%가 함유되 어 있다. 각질층의 천연보습인자들은 각질층의 수분량을 결정하며, 각질층의 적당한 수분함량 은 10~20%로, 수분함량이 10% 이하가 되면 피부가 건조해지고 각질이 일어나고 잔주름이 생 기기 쉽다.

각질층은 피부장벽의 역할에 있어 다양한 환경과 산, 알칼리 등의 자극, 이물질의 침입으로부 터 피부를 보호해 주고, 수분 등의 내부 물질이 피부 밖으로 투과하지 못하게 방어하는 중요한 역할을 한다. 그리고 화장품이나 약물의 흡수과정에서도 중요한 역할을 하므로, 피부관리 시 각질관리가 매우 중요하다는 것을 알 수 있다.

② **투명층**(Stratum lucidum, Clear layer)

각질층 바로 아래에 있는 층으로 2~3층의 생명력이 없는 무핵의 작고 투명한 세포로 이루어 져 있다. 반유동성의 엘라이딘(Eleidin)이라는 물질이 함유되어 있어 투명하게 보이며 빛을 굴 절시켜 차단하는 특성이 있다. 수분을 흡수하지 않아 외부로부터의 수분침투를 방지하는데 그 예로 목욕탕에 오래 있으면 손바닥과 발바닥이 쭈글쭈글해지는데 이것은 각질층에 수분이 스며 들어 포화가 일어나 팽창하나 투명층에는 수분이 흡수되지 않아 팽창이 되지 않기 때문이다. 투명층은 모든 피부에서는 식별이 쉽지 않고 주로 손바닥과 발바닥에서 확실하게 관찰된다.

③ **과립층**(Stratum granulosum, Granular layer)

작은 과립모양의 세포들로 이루어져 있고 평평형 또는 방추형의 세포층으로 2~5층으로 이루 어져 있다. 표피세포가 퇴화되어 각질화되는 과정의 1단계에 해당되며 세포질 내부에 케라틴의 전구물질인 각질유리과립(Keratohyalin)이 형성되어 있어 외부로부터의 이물질 통과와

특히 수분 침투에 대한 방어 역할과 피부내의 수분증발을 막는 역할을 하고 있다. 각질유리과립은 유황단백질(Sulfurprotein)을 많이 함유하고 있으며 빛을 굴절시켜 피부를 맑아 보이게 하기도 한다.

④ 유극층(Stratum spinosum, Priekle cell layer)

표피의 대부분을 차지하는 층으로 5~10층으로 이루어져 있으며, 세포들은 다각형의 유핵극 상세포로 가시 모양으로 서로 연결되어 있어 가시층이라고도 불린다.

유극층은 살아 있는 세포로 구성되어 있으며 다각형 세포들의 표면에 있는 짧은 극돌기는 이 웃세포의 돌기들과 연결되어 세포간교를 형성하고 있다. 세포간교란, 세포 사이를 통해 물질 교 환이 이루어지게 함으로서 피부관리에 매우 중요한 역할을 담당한다. 그리고 피부의 면역 기능 을 담당하는 랑게르한스 세포(Langerhans cell)가 존재하여 알레르기성 접촉성 피부염에도 관 여한다.

⑤ 기저층(Stratum basale, Basal cell layer)

표피의 가장 아래에 위치하며 핵을 가진 세포들이 일렬로 밀접하게 정렬되어 있다. 진피와 접 한 경계부분은 물결 모양을 이루고 있어 진피의 모세혈관으로부터 산소와 영양을 공급받으며 진 피의 모세림프관을 통해 탄산가스와 노폐물을 배출한다. 젊은 피부일수록 경계부의 물결모양의 요철이 많고 깊어 영양공급 및 노폐물 배출기능이 뛰어나다. 기저층에는 멜라닌 색소를 생산하 는 멜라닌세포가 있어 피부색을 결정하고 자외선으로부터 피부를 보호해 주는 역할을 한다. 기 저세포와 멜라닌세포의 비율이 4:1~10:1로 존재하며 활발한 세포분열을 통해 새로운 세포층 으로 이동한다. 기저층의 세포분열은 밤 10~2시 사이에 가장 활발하므로 피부재생을 위해서는 이 시간대에 충분한 수면을 취해야 한다. 기저층은 피부표면의 상태를 결정짓는 중요한 층이며, 피부가 외부로부터 손상을 입었을 시 기저세포로부터 세포재생이 촉진 되기 때문에 재생층이라 고 하기도 한다. 그러므로 진피층뿐만 아니라 기저층의 세포가 상처를 입으면 세포재생이 어려 워지므로 후에 흉터가 남는 경우가 많다.

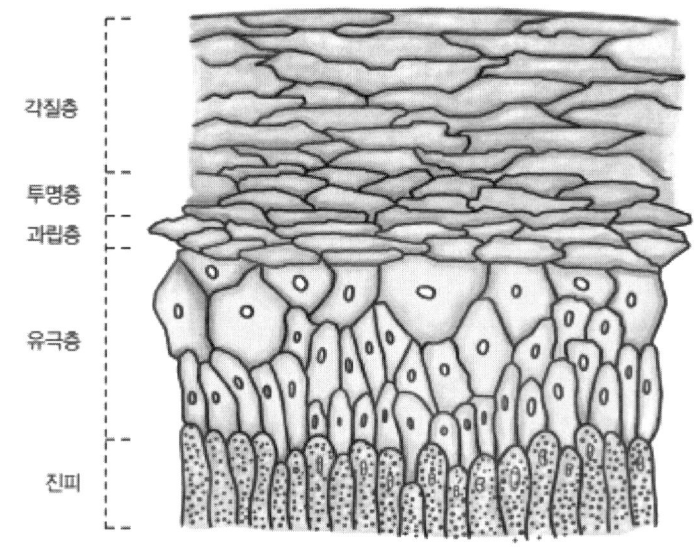

⑥ **진피 - 표피 경계부**(Dermoepidermal junction)

진피와 표피경계부는 기저막(Basement mebrane zone)으로 이루어져 있고 진피와 표피를 접합시켜 주고 있다. 이 접합부위를 기저막대라 하는데 유동성 반투과성의 여과기로 생각되며 표피와 진피 사이에서 액상의 물질은 투과시키고 염증세포나 종양세포들이 왕래하는 것을 제어 하는 방어막으로서의 역할을 수행하고 있다. 진피-표피 경계부의 미세구조를 살펴보면 표피층 기저세포 원형질막 아래에 위치한 투명판 그리고 그 아래의 전자밀도가 높은 기저판, 기저세포 원형질막과 기저판을 연결하는 고정세섬유와, 고정원 섬유, 미세원 섬유, 교원섬유로 이루어져 있다. 고정원섬유는 표피와 진피를 연결하는 가장 강한 매듭이고 반면에 미세원섬유는 표피와 진피의 연결에 큰 역할을 하지 못한다.

(2) 표피층의 구성세포

① **각질형성세포**(Keratinocyte)

표피를 구성하는 가장 중요한 세포로 표피세포의 90~95%를 차지하며, 케라틴단백질을 만드는 역할을 하므로 각질형성세포라 한다. 각질형성세포의 분화 과정은 표피의 가장 아래층인 기 저세포가 분열하고 분화하여 유극세포와 과립세포에서 합성, 분해 과정을 거쳐 마지막 단계로 표피의 가장 위쪽으로 밀려와 각질세포가 되어 떨어져 나간다. 이러한 과정을 각화과정 (Keratinization)이라 한다. 각질형성세포의 수명은 약 28일이며,부위에 따라 조금씩 다르나 매 일 각질층에서 수백만 개씩 떨어져나감과 동시에 기저층에서는 매일 수백만 개의 세포가 새롭게 생성된다. 이러한 과정이 정상적으로 이루어지고 있는 상태를 정상각화(Orthokeratosis)라하고, 각질층 세포의 탈락이 정상적으로 이루어지지 않고 각질층이 두터워져 있는 상태를 과각화증(Hyperkeratosis)이라 한다. 과각화증은 노화피부와 지성피부 및 여드름피부에서 발생되는데 이 때에는 피부가 두텁고 거칠어 보이며 각질세포의 축적으로 피부표면을 통한 영양흡수에도 지 장을 주게 된다. 따라서 인위적으로 각질을 벗겨내는 작업인 필링(peeling,박피술)을 하게 된다.

② **멜라닌세포(melanocyte)**

멜라닌세포는 표피의 색소 생산 세포로서 세포의 5~10%를 차지하고 있으며 대부분 기저층 에 위치하며 멜라닌 세포와 기저 세포의 비율은 부위에 따라 차이가 있으며 1:6 정도이다. 멜라 닌세포는 멜라닌 색소를 함유한 멜라닌 소체(Melanosome)를 합성하며, 멜라닌 세포에서 만들 어진 멜라닌은 세포돌기를 통하여 각질형성세포에 전달된다. 멜라닌 세포는 문어발과 같은 모 양인 긴 수지상 돌기 형태(Dendritic)를 하고 있으며, 주요기능은 자외선의 유해작용으로부터 진피는 보호하고, 기저층의 세포가 손상되는 것을 막아준다. 멜라닌세포의 수는 인종·피부색 에 관계없이 1mm 당 1,200~1,500개로 동일하며, 피부색은 멜라닌세포 내의 멜라닌소체 수와

2 크기, 멜라닌화의 정도 분포 및 각질형성세포 내에서의 멜라닌소체의 분해에 의해 결정된다. 멜 라닌 세포는 피부색을 결정짓는 중요한 역할을 할 뿐 만 아니라, 색소에 의한 여러피부질환을 유발 할 수 있다.

③ **랑게르한스 세포(Langerhans cell)**

랑게르한스세포는 표피세포의 2~4%를 차지하며 별 모양의 세포질돌기를 가진 수지상 세포 로 주로 유극층에 존재한다. 이 세포는 1868년 베를린 의과생이던 파울 랑게르한스(Paul Langerhans)가 발견한 세포로 그의 이름자를 넣은 세포로 명명하게 되었다. 랑게르한스세포는 주로 피부의 면역에 관계 하면서, 외부로부터 들어온 이물질인 항원을 면역담당세포인 림프구 로 전달해 주는 역할을 한다. 그리고 순환계와 깊은 연관성이 있는 세포로 피부의 면역학적반응과 알레르기 반응, 접촉성 피부염, 바이러스 감염 감지, 면역내성 등 중요한 역할을 한다. 랑게 르한스 세포는 진피, 림프절, 흉선에서도 발견

된다.

④ **머켈세포(Merkel cell)**

표피에 광범위하게 퍼져있으나 주로 기저층에 위치하고 있으며 피부에서 촉각을 감지하는 역 할을 한다. 머켈세포는 신경세포와 연결되어 있어 촉각을 감지하여 신경자극을 뇌에 전달하므 로 촉각세포라고도 한다. 인체 피부에서 손바닥, 발바닥, 입술 등 모발이 없는 피부에서 주로 발 견된다.

2) 진피(Dermis, Cutis, Corium)

진피는 표피와 피하지방층 사이에 위치하며 피부의 주체를 이루는 실질적인 피부이다. 피부 의 90% 이상을 차지하며 두께는 0.5~4mm 정도로, 표피의 10~40배 되는 두꺼운 층이다. 진 피는 교원섬유(Collagen fiber), 탄력섬유(Elastic fiber)등의 섬유성 단백질과 대식세포(Macrophage), 섬유아세포(Fibrobrast), 비만세포(Mast cell)등으로 구성되어 있다.

섬유아세포는 결합조직 내에 널리 분포되어 주종을 이루고 교원섬유와 탄력섬유의 기질을 생 성하는 역할을 한다. 대식세포(Macrophage)는 이물질을 삼킴으로 신체를 보호하는 역할을 하 고 비만세포(Mast cell)는 유두층의 모세혈관 가까이에 위치하여 염증매개물질을 생성하거나 분 비하는 작용을 한다. 또한 혈관계나 신경계, 림프계 등이 복잡하게 얽혀 있으며 피부 부속기관 인 피지선과 한선이 자리 잡고 있다. 이들은 피부에 영양공급, 노폐물배설, 감각, 분비 등 피부 의 중요한 기능을 맡고 표피를 지지하고 강인성에 의해 피부의 다른 조직들을 유지하고 보호해 주는 역할을 하고 있다. 구조상 진피의 경계가 확실하지 않으나 진피의 윗부분에 위치한 유두층 (Papillary layer)과 아랫부분에 위치한 망상층(Reticular layer)으로 구분된다.

(1) 진피층의 분류

① **유두층(papillary layer)**

표피와 접하고 있는 부분으로 진피가 표피쪽으로 둥글게 돌출되어 있다. 이 돌출물을 유두 (Dermal papilla)또는 유두체라 하며 이 부분을 유두층이라 한다. 유두층은 미세한 교원질이 둥 글고 불규칙하게 배열된 결합조직으로 이 섬유 사이에는 세포들과 많은 기질이 존재하며, 모세혈관·신경종말·림프관이 풍부하게 분포되어 있다. 따라서 혈관분포가 없는 표피로 영양분과 산소를 운반해 주고 림프관으로 표피의 노폐물을 배설해 주며, 신경종말은 감각소체를 형성하 여 촉각이나 통각 등의 신경을 전달한다. 표피와 진피의 경계가 물결 모양인 파형(波形)으로 인 하여 피부의 팽창과 탄력에 관여하며 피부모양을 유지한다.

② 망상층(Reticular layer)

유두층의 아래에 위치하는 층으로 콜라겐과 엘라스틴이 풍부하고 진피층의 대부분을 차지한 다. 굵은 교원섬유와 탄력섬유가 피부표면과 평행하게 존재하여 피부를 지지해 주며 탄력성을 유지시켜 준다. 피부의 탄력성은 진피를 이루는 섬유질의 탄력상태에 따르며 임산부와 비만인 사람과 같이 체중이 늘어나는 경우에도 피부가 처지지 않는 것은 망상층에 함유된 섬유질 때문 이다. 망상층의 섬유질은 일정한 방향성을 가지고 배열되어 있는데 신체의 부위에 따라 달라지 며 이와 같은 부위에 따른 섬유들의 주행방향을 피부할선(皮膚割線) 또는 랑거선(Langer's line) 이라 한다. 이외에도 망상층에는 혈관, 림프관, 신경총, 땀샘 등이 복잡하게 분포되어 있다.

(2) 진피의 구성세포

① 교원섬유(collagen fiber)

진피의 90%를 차지하고 섬유단백질인 교원질(Collagen)로 구성되며 교원질은 섬유아세포에 서 생산·재생된다. 교원섬유는 진피 뿐만 아니라 뼈·혈관·치아에도 많은 비중으로 함유되어 있고 현미경 관찰 시 백색을 띄고 있어 백섬유(White fiber)라고도 불리며 물을 넣고 끓이면 아 교처럼 끈끈해져 젤라틴화 된다. 자체적으로는 탄력성이 매우 적으나 탄력섬유과 함께 피부에 장력과 탄력성을 제공하는 역할도 한다. 진피내의 교원질은 피부 노화현상과 자외선의 영향으 로 그 양이 감소 되어 형태가 변하게 되는데 수분보유력이 좋은 용해성 교원질(Soluble collagen)과 피부가 노화되어 수분보유력이 좋지 못한 불용해성 교원질(Unsoluble collagen) 로 변질된다. 이러한 교원질의 변화는 탄력감소와 주름 형성 원인으로 작용하여 요즈음에는 교원질을 주사화 또는 화장품화하여 피부의 주름을 펴거나 탄력을 제공하는 효과를 얻기도 한다.

② **탄력섬유**(elastic fiber)

진피에 있는 섬유성분 가운데 비교적 적은 부분을 차지하며 짧고 가는 섬유로 주로 탄력이 있 는 섬유단백질인 탄력소(Elastin)로 구성되어 있어 탄력섬유라 한다. 탄력섬유는 현미경 관찰시 황색을 띠므로 황섬유라고도 하며 교원섬유와 달리 물에 가열해도 젤라틴화되지 않으며 각종 화 학 물질에 대해서도 저항력이 매우 강하다. 또한 원래의 모습으로 되돌아오도록 하는 탄력성을 제공하여 피부의 탄력성 측정시 이용된다. 노화가 시작되면서 탄력소가 파괴되어 탄력섬유의 기능이 저하되게 되므로 피부가 이완되고 주름이 발생하게 된다.

③ 기질(Ground substance)

진피의 결합섬유 사이를 채우고 있는 물질을 기질이라 하며, 기질은 주위의 다른 조직을 지지 하면서 결체조직 대사와 염분, 수분의 균형에 관여한다. 기질의 주성분은 점다당질이며 점다당질 은 히아루론산(Hyaluronic acid) 과 콘드로이친 황산(Chondroitin sulfate), 헤파린 황산염(Heparin sulfate)등의 글리코사미노글리칸(Glycosaminoglycans)들로 이루어져 있다. 이들은 친수성 다당체로 물에 녹아 끈적끈적한 액체 상태로 존재하기 때문에 점액성의 뜻을 가진 뮤코(Muco) 라는 접두어를 붙여 뮤코-다당체(Muco-polysaccharide)라 부른다. 이러한 점다당질 같은 생체고분자에 흡수된 수분은 일반적인 수분과 달리 강하게 결합되어 쉽게 증발되거나 얼지 않는 특별한 성질을 가지고 있는데, 이것을 결합수(Bound water)라 한다. 또한 진피의 건조 중량으 로따져겨우0.1~0.2%를 차지하고 있지만 자기 몸무게의 수백배에 해당하는 다량의 수분을 보유할 수 있는 성질이 있어 수분이 부족하기 쉬운 다른 조직에 수분을 공급하는 저장고와 같은 기능을 한다.

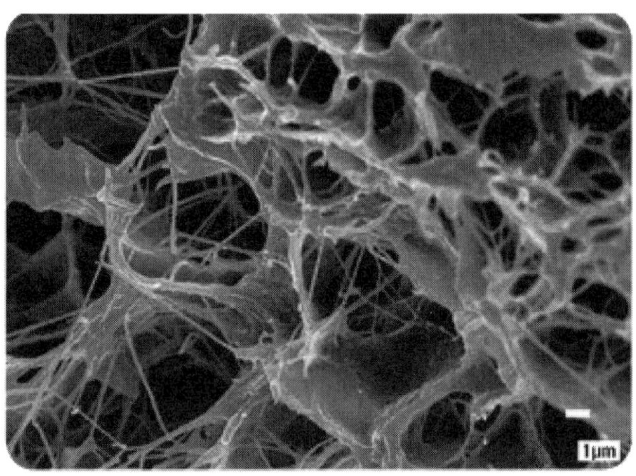

3) 피하지방층(Subcutaneous tissue)

피하지방층은 진피와 근육, 뼈 사이에 위치하고 지방세포들을 함유하고 있는 피부의 가장 아 래층에 있는 부분이다. 지방층의 분포와 두께는 신체부위, 성별, 연령, 영양상태에 따라 다르며 진피 보다 훨씬 두꺼운 층을 이루고 있다. 여성호른몬과도 관계가 있어 남성에 비해 여성이 더 발달되어있고 여성호르몬이 많아지는 임신시기에는 피하지방층이 더 많이 발달된다. 또한 복부 와 둔부는 3cm 이상으로 두껍고, 눈꺼풀·귀·음경·음낭 등에는 발달이 미숙하다. 피하지방 층의 지방 세포들은 지방을 생산하여 체온 손실을 막는 체온 보호기능, 탄력성을 유지하여 외부 의 충격으로부터 몸을 보호하는 물리적 보호기능, 인체에서 소모되고 남은 영양이나 에너지를 저장하는 저장기능 등을 한다. 피하지방층에 지방이 지나치게 많이 축적되거나 조직액이 축적 되어 피하조직이 두꺼워지게 되면, 진피·표피가 위로 밀려오면서 피부표면이 오렌지 껍질처럼 울퉁불퉁 튀어 올라오게 된다. 이때 피하지방층에는 지방세포주위의 결합조직인 림프관과 혈관이 압박되어 순환장애가 일어나고 교원섬유의 탄력성이 저하되는 현상이 일어나는데 이러한 피 부 내부와 피부 표면의 현상을 셀룰라이트(Cellulite)라 한다.

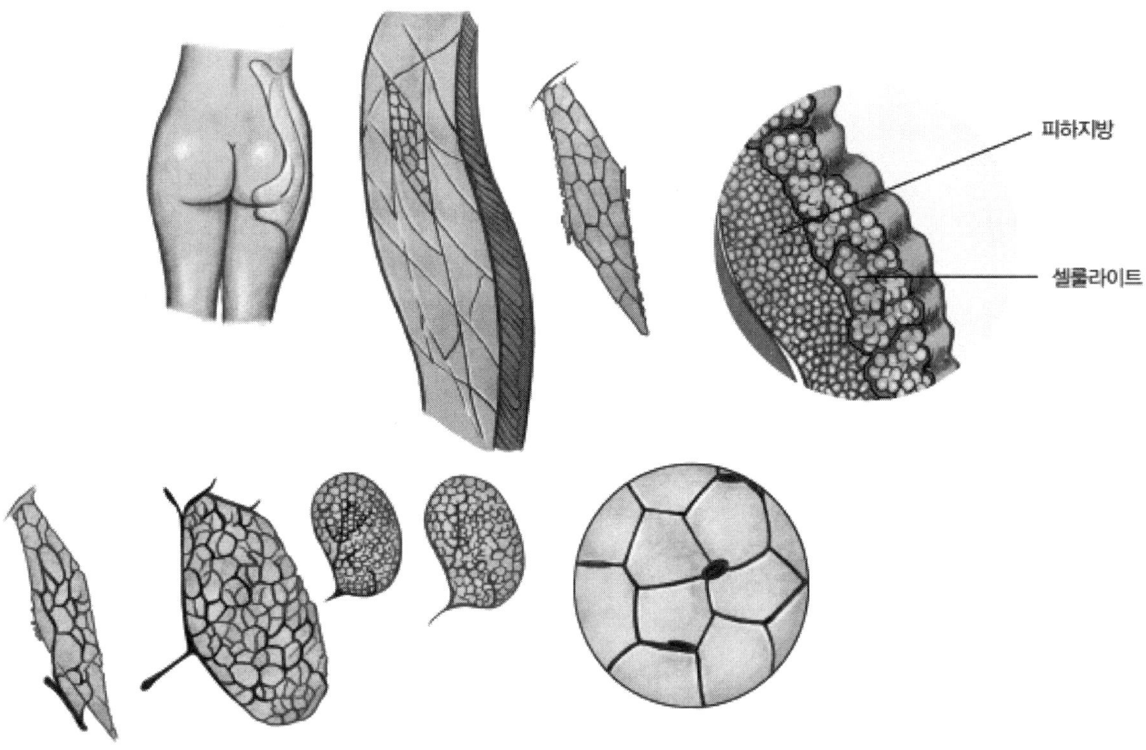

K-BEAUTY
WORKBO

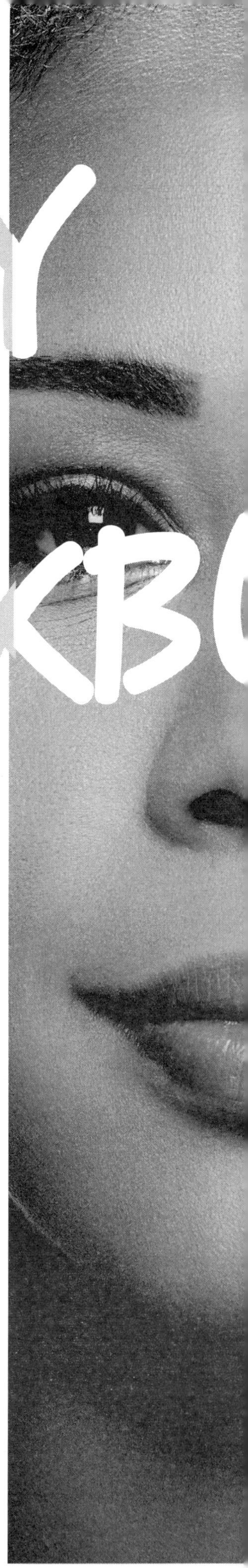

2.
피부 유형 및 관리법

1

중성피부(정상피부, Normal skin)

1) 중성피부 정의

피부의 모든 생리기능이 원활한 상태로 피부결이 고르고 섬세하며 피지선과 한선의 기능이 가장 이상적인 피부이다. 피부에 저항력이 있고 외관상으로 탄력을 느낄 수 있으며 화장이 쉽게 지워지지 않는다. 피부표면에 색소침착이나 잡티 등을 볼 수 없으며, 에스테틱에서 궁극적으로 추구하는 피부유형이라 할 수 있다. 중성피부는 피부의 전반적 기능이 정상적이어서 아름답고 건강한 피부상태이지만 환경적요인·건강상태·영양상태에 따라 수시로 변화 될 수 있으므로 지속적으로 유지·관리에 노력하여야 한다.

2) 중성피부 특징

- ·피지선과 한선의 분비기능이 정상적이어 피부결이 고르며 윤기있고 촉촉하며 매끄럽다.
- ·세안 후 당김이 별로 느껴지지 않고 번들거리지 않는다.
- ·피부가 탄력이 있고 모공이 작아 눈에 띄지 않는다.
- ·혈액순환이 원활하여 혈색이 좋다.
- ·표정주름 외에는 전반적으로 잔주름이 없다.
- ·피부의 색소 침착이 없고, 여드름 등의 잡티도 보이지 않는다.

3) 중성피부 관리방법

- ·정상피부를 유지하기 위해 피부의 유분과 수분의 균형을 유지시킨다.
- ·피부청결을 위해 클린징제와 딥클린징제의 올바른 사용방법을 정기적으로 행한다.
- ·노화방지를 위해 마사지와 팩을 규칙적으로 한다.
- ·비타민A, E와 콜라겐, 천연보습인자(NMF)등의 보습성분이 많이 함

유된 화장품을 사용한다.
- 동·식물성 단백질 및 비타민A를 비롯하여 비타민류가 함유된 식품을 충분히 섭취하고 균형있는 식생활을 한다.
- 피부에 영향을 미치는 내적환경과 외적환경에 항상 주의한다.
- 연령과 계절의 변화에 따라 알맞은 피부손질을 한다.

2 건성피부(Dry skin)

1) 건성피부 정의

피부의 내적인 원인과 외적인 원인에 의해 나타나며 피지선의 기능 저하와 한선 및 보습능력의 저하로 인하여 유·수분함량이 부족한 피부를 의미한다. 건성피부의 원인은 생리적인 노화현상, 외부환경, 잘못된 피부관리 습관, 부적절한 화장품, 피부의 보습능력 저하 등이 있다. 건성피부는 그 원인에 따라 피지 분비선의 기능이 활발하지 못하여 발생되는 유분부족 건성피부와 피부층내의 수분부족으로 인하여 발생되어지는 수분부족 건성피부로 나눌 수 있다. 여기서 수분부족으로 인해 발생되어 나타나는 건성피부로는 표피 수분부족 피부와 진피 수분부족 피부의 형태로 구분한다. 건성피부의 보편적인 특징은 피부당김·예민함·얇은 피부조직등이 있는데 피부건성화는 외부로 나타나는 현상이나 느낌이 거의 같게 나타나기 때문에 그 현상을 보고 원인을 파악하기는 어렵다. 따라서 보다 정확한 진단과 올바른 관리법으로 더 나은 피부상태를 유지 하여야 겠다.

2) 건성피부 특징

- 피지량의 감소와 각질층의 수분이 10%이하로 부족하여 피부표면이 거칠다.
- 모공이 작고 피부 조직이 비교적 곱고 얇다.
- 피부의 노화 현상이 빠르게 진행되며 잔주름이 많이 발생된다.

·피부표면이 건조하여 윤기가 없고 탄력성도 떨어진다.
·화장이 잘 받지 않고 들뜨기 쉽다.
·세안 후 당기는 느낌이 있으며, 부분적으로 하얀 각질이 일어날 수 있다.
·외부의 자극에 대해 민감하다
·저항력이 약하고 접촉 피부염이 발생하기 쉽다.

(1) 표피 수분부족 건성피부(Dehydrated skin)

일반 건성피부와 유사하게 표피가 건성화 되는 것으로 자외선, 찬바람, 일광욕, 냉난방 등의 환경과 부적절한 피부관리 습관과 화장품 사용 등의 외적인 요인에 기인한다. 표피 수분부족 건성피부의 특징으로는 피부조직에 표피성 잔주름은 형성되는 반면에 표정원인성 주름은 쉽게 나타나지 않는다. 또한 피지분비가 많은 지성피부에도 피부관리를 소홀히 하거나 관리를 잘못했을 경우 유발된다.

(2) 진피 수분부족 건성피부(Deep Dehydrated skin)

피부의 내적 원인에 의해 섬유아세포 기능의 이상이 생겨 진피의 섬유조직 생성에 문제가 생기거나 기존의 콜라겐 섬유조직이 손상되어 피부가 수분을 보유하게 해주는 수화기능에 문제가 되어 발생되는 피부 유형이다. 진피 수분부족 건성피부 특징으로는 피부 당김이 내부에서부터 심하게 느껴지며 굵은 주름살이 형성된다. 피부조직이 거칠고 생명력이 없어 보이며 색소침착도 발생되기 쉽다. 이러한 진피 수분부족 건성피부는 다시 정상으로 회복되기 가장 어려운 심각한 상태의 건성피부 이다.

3) 건성피부 관리방법

·세안 시 알칼리성 비누 사용은 피하고 밀크타입이나 유분기가 있는 크림타입을 선택한다.
·과도한 자외선, 일광욕, 사우나 등 일반적인 원인이 되는 것을 피한다.
·세안 시 미지근한 물을 사용하고 세안 후 에는 바로 기초제품을 발라 손질한다.
·유연화장수를 사용하며 영양, 보습 성분이 있는 오일이나 에센스를 선택한다.
·비타민A가 함유된 식품류를 충분히 섭취한다.(녹황색 채소, 간, 계란, 우

유, 버터등)

·계절 변화와 외부환경에 따라 알맞은 제품을 선택하여 피부를 손질한다.

·물을 충분히 마시고, 충분한 수면을 취한다.

·비타민A, 콜라겐, 히알루론산, 천연보습인자 등 보습물질이 함유된 영양농축액과 영양크림류를 바른다.

·혈액순환과 신진대사를 도와주는 마사지와 보습효과가 높은 팩을 1주에 1~2회 실시한다.

·진피 수분부족 피부는 피부깊숙이 수분과 영양물질의 흡수를 돕기 위해 초음파기기, 갈바닉기기, 등의 기기를 함께 사용하며 관리한다.

3 지성피부(oily skin)

1) 지성피부 정의

피지선의 기능이 비정상적으로 항진되어 피지가 과다 분비되어지는 피부를 말한다. 피지가 과다 분비되는 근본적인 원인으로는 유전적인 요인, 호르몬 변동, 후천적인 요인 등이 있다. 후천적 요인으로는 스트레스, 갑상선호르몬의 불균형, 위장장애, 변비 등이 작용 한다. 피지의 분비는 사춘기 시기에 왕성하며 나이가 들면서 피지선의 기능이 퇴화되기 시작한다. 이로인해 노화됨에 따라 중성피부로 변하게 되는데 다른피부유형보다 주름살 형성 시기도 늦어지는 편이다. 피지선에서 분비되어지는 피지는 피부표면에 피지막을 형성하여 피부의산성도 균형을 유지 시켜주고 과도한 수분증발을 억제해주며 외부 세균에 대한 보호막 기능을 한다. 하지만 과다하게 분비되는 피지는 외부로부터 오염되기 쉬우며 증가된 피지가 박테리아에 의해 변질될 경우 모낭벽에서 떨어져 나간 각질 세포들과 섞여 모공통로를 막아 여드름을 유발하여 문제를 일으킨다. 따라서 지성피부관리시 중요점은 모공을 깨끗이 청소하고 피지샘을 정상화 시키는데 있다. 그리고 지성피부는 외부로 나타난 피부상태와 발전된 2차적 증상의 차이에 따라 지루성 피부와 건지루성 피부로 나뉘어 진다.

2) 지성피부 특징

- ·모공이 확대되어 있어 피부가 거칠고 각질층의 두께가 두껍다.
- ·피지가 과다하게 분비되어 피부표면이 번들거린다.
- ·피부의 투명감이 없다.
- ·T-Zone 부위는 과다한 피지분비로 인하여 면포(comedo),나 여드름(acne)이 생기기 쉽다.
- ·피지로 인하여 화장이 잘 지워진다.
- ·피부표면에 불순물이 쉽게 묻어 2차적으로 감염이 생기기 쉽다.

(1) 지루성 피부(Seborrhea oleosa)

유전적인 내분비계의 영향으로 인해 피지가 과잉분비되어 피부 표면에 기름기를 만들어 항상 번들거리는 피부형태이다. 피부가 알칼리성을 띄어 세균에 대한 저항력이 약하며 모낭벽의 각화가 빠르게 일어나고 전체적으로 모공이 크다. 지루성 피부의 특징으로는 각질층이 비후하여 피부가 두껍게 보이며 머리에도 기름기가 흐르며 귀에도 귀지가 많이 생긴다. 그리고 피부결의 형태는 소구가 비교적 깊고 소릉의 형태가 크고 불규칙하며 여성에 비해 남성에게 많이 발생된다.

(2) 건성 지루피부(Seborrhea sicca)

피지분비기능은 다른 지성피부와 마찬가지로 과다 분비되지만 수분이 부족하여 피부표면에 당김 현상이 일어나는 피부유형이다. 이러한 이유로 얼굴 부위에 지성부분(T-Zone)과 건성부분(U-Zone)이 동시에 나타난다. 여러 가지 외·내적 요인과 환경적 요인 등에 의해 나타 날 수 있으며 지루성 피부에 비해 관리하기가 까다로우며 남성보다는 여성에게 많이 나타난다. 건성 지루피부특징으로는 자극에 예민하고 피부가 쉽게 붉어지며 피부표면이 건조하고 각질이 잘 일어난다. 지루성 피부에 비해 저항력이 약해 여드름 발생률이 높은데 이때 치유하는 데 시일이 걸린다.

3) 지성피부 관리방법

- ·과도한 피지조절을 위해 필링(peeling)이나 피지조절 화장품을 사용한다.
- ·깨끗한 이중세안으로 모공청소를 한다.
- ·규칙적인 생활습관을 갖고 기호식품의 과다섭취를 피한다.
- ·피지를 흡수하는 모드팩이나 수렴마스크를 해준다.
- ·소염, 진정, 모공수축작용을 겸비한 화장수를 사용하고 알코올 성분이 지나치게 많이 함유되어 있는 화장수는 피한다.
- ·비타민A, 비타민B군(B,B2,B6,등)이 함유된 식품을 많이 섭취한다.

4 복합성 피부(Combination skin)

1) 복합성피부 정의

얼굴부위에 따라 서로 다른 피부유형이 공존하는 피부유형을 말한다. 복합성 피부형태는 T-Zone 부위는 지성피부 또는 여드름 피부인데 비해 눈주위, 광대뼈, 뺨 부위는 급격한 수분 부족 현상으로 건성화되고 예민화 되기까지 하는 피부이다. 이러한 피부 형태는 동양, 특히 우리나라 여성의 경우 다른 피부유형에 비해 더욱 많은 비중을 차지하며 관리를 소홀히 하면 더욱 심각한 문제성 피부로 발전해 부위별로 철저하게 관리 해주어야 한다. 또한 전반적으로 피부색과 피부상태가 균일하지 않아 깨끗한 인상을 주지 못한다.

2) 복합성피부 특징

- ·T-Zone 부위는 피지가 많아 번들거리고 다른 부분은 건조하여 심하게 당긴다.
- ·T-Zone 부위는 모공이 다른 부위보다 크며 여드름이 발생하기 쉽다.

·눈가에 잔주름이 잘 발생한다.
·광대뼈와 볼 부위에 색소침착이 나타나기도 한다.
·서로 다른 피부 유형에 따라 화장품을 선택하기가 어렵다.

3) 복합성피부 관리방법

·피지분비를 정상화 시키고 유·수분의 균형을 회복한다.
·T-Zone과 U-Zone 에 따라 부위별로 팩, 크림 등 기초 화장품류들은 다르게 적용한다.
·T-Zone부위는 딥클렌징으로(스크럽제 또는 효소 제품)주기적으로 관리한다.
·U-Zone 부분과 예민한 부위는 알맞은 제품을 선택하여 유분과 수분 공급을 원활히 해준다.

5 피부의 부속기관(Skin Appendage)

1) 한선(Sweat gland)

한선은 진피의 망상층에 실뭉치처럼 엉켜있으며 땀을 만들어 피부표면에 분비하는 기능을 한다. 일명 '땀샘'이라고도 한다. 일반적으로 성인의 경우 1시간에 약30cc, 1일에 약700~900cc 정도의 땀을 분비하고 이들은 대부분 체온조절을 위해 증발되며 일부분은 피지막을 만드는 역할, 체내의 노폐물 배출, 피부의 건조 방지 등의 중요한 역할을 한다. 땀의 성분은 99%가 수분이며 약 1%는 고형질인 염분·요소·요산·휘발성 지방산·아미노산 등으로 이루어져 있다. 한선은 기능과 크기에 따라 에크린한선(소한선, eccrine sweat gland)과 아포크린한선(대한선, apocrine sweat gland)의 두가지 종류로 나뉜다.

(2) 에크린한선(소한선, Eccrine sweat gland)

실뭉치 모양으로 진피층에 놓여 있는 한선은 입술 음부를 제외한 전신에 걸쳐 분포되어 있으며, 특히 손바닥과 발바닥에 가장 많고 이마, 빰, 몸통, 팔, 다리의 순서로 분포 되어있다. 체온조절에 중요한 역할을 하는 피부 부속기관으로서 우리 몸이 열에 의해 스트레스를 받을 시 저장액의 액체를 생산하여 체외로 증발, 배출시켜 온도를 떨어뜨리는 기능을 한다. 에크린한선에서 분비되는 땀은 ph3.8~5.6의 약산성으로 세균의 번식을 억제하는 작용을 하며 0.6~1.0%의 소금(NaCl),과 요소(urea), 젖산(lactic acid),암모니아(ammonia), 요산(uric acid), 크레아티닌(creatinine)등이 소량 함유되어 있다. 이러한 성분

들은 물과의 친화성이 있어 피부로 하여금 수분을 많이 보유할 수 있도록 천연보습인자(natural moisturizing factor, NMF)로서의 역할을 한다.

(2) 아포크린한선(대한선, Apocrine sweat gland)

아포크린한선은 에크린한선보다 크며 배출구가 모낭의 윗부분과 연결되어 모공에 개구된다.출생 시 전신 피부에 형성되었다가 생후 5개월경에 퇴화하며 겨드랑이, 유두주위, 배꼽 주위, 성기 주위, 항분 주위 등 특정 부위에만 분포하게 되었다. 아포크린한선은 성선과 관련이 있으며 사춘기 전에는 활동이 없고 크기도 작지만 사춘기부터 분비가 시작되어 갱년기 이후에 기능이 퇴화되면서 분비가 감소된다. 아포크린한선은 성·인종·개인을 결정지어 주는 독특한 향을 내는 물질을 함유하고 있어 피지선과 함께 개인의 체취를 만들어 체취선이라고도 하며 남성보다는 여성에게 백인 보다는 흑인이 많으며 동양인은 백인보다 적다.

아포크린한선의 땀은 산도가 ph5.5~6.5이며 단백질의 함유량이 많아 주위 세균에 의해 땀성분이 부패되면서 악취를 발생하게 되는데 이와 같은 체취를 액취증(osmidrosis)라 한다.

액취증을 예방하기 위해서는 약물비누로 자주 세척하고 항생제 연고, 또는 땀 분비를 억제시켜 주는 방취제(deodorant)를 도포하는 방법이 있으나 심할 경우 아포크린한선이 분포하는 부위를 외과적으로 절제한다.

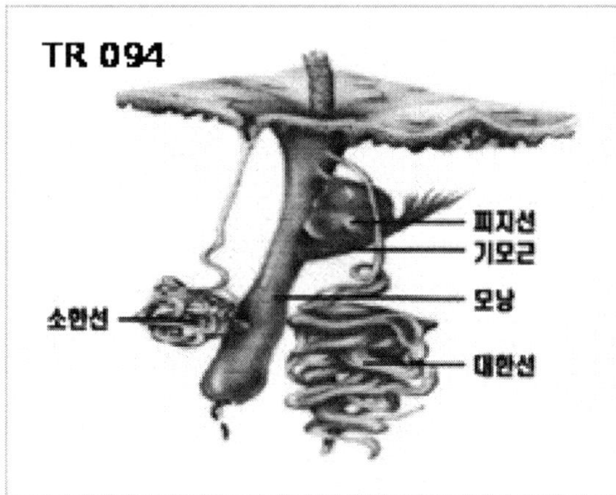

2) 피지선(Sebaceous gland)

피지선은 진피의 망상층에 위치하고 있고 피부표면에 지질을 분비하는 피부부속기관으로 손바닥, 발바닥을 제외한 신체의 대부분에 분포되어 있으며, 특히 얼굴, 두피, 가슴 등에 발달되어 있다. 피지선은 홀로크린(holocrine)선으로 분비물을 형성하며 전신에 걸쳐 1cm2당 400~900개 정도 분포하고 하루 평균 1~2g의 피지(sebum)가 배출된다.

피지선의 분포는 신체 부위마다 다른데, 얼굴의T-Zone·두피·가슴·등의 중앙 부분에 피지선이 많이 분포되어 있다. 이 부위들은 특히 피지선 기능이 항진되어 있어 소위 지루부위라 한다. 피지분비의 양은 피지선의 수·크기·구성 등에 좌우되며, 피지의 분비는 나이·호르몬·질병·기후나 계절·정신적 인자에 의해 영향을 받는다. 또한 성호르몬과도 관련이있는데 남성호르몬인 안드로겐은 피지선을 자극하여 피지분비를 촉진시키고, 반면에 여성호르몬인 에스트로겐은 피지분비를 억제한다.

피지선에서 분비되는 순수한 분비물인 피지성분은 약 50% 이상이 트리글리세라이드(triglyceride)이며 나머지는 인지질(phospholipid), 왁스에스텔(wax esters), 스쿠알렌(squalene), 콜레스테롤(cholesterol), 콜레스테롤에스텔(cholesterol esters)로 구성되어있다. 여기서 트리글리세라이드(triglyceride)는 모낭에 존재하는 여드름균(propionibacterium)등 세균의 지방분해효소에 의해 유리지방산과 모노글리세라이드(monoglyceride) 및 디글리세라이드(diglyceride)로 분해된다.

피지성분중 콜레스테롤, 라놀린, 인지질 등의 지방은 땀과 기름을 유화시키는 기능을 한다.

이로 인해 피지선에서 분비되는 피지, 표피세포가 각화되는 과정에 생성되는 지방질, 땀 분비물 내의 지방질들은 함께 유화되어 피부표면에 피지막이라는 막을 형성 한다. 피지막은 ph가 약산성으로 피부 표면의 세균성장을 저지하며, 외부로부터의 알칼리성 물질을 중화시켜 피부손상을 막아주며 피부와 모발을 윤기 있고 부드럽게 해준다.

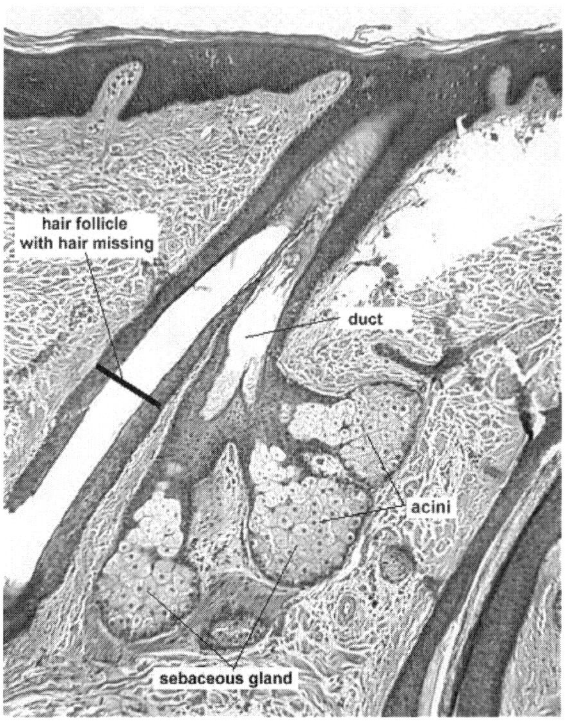

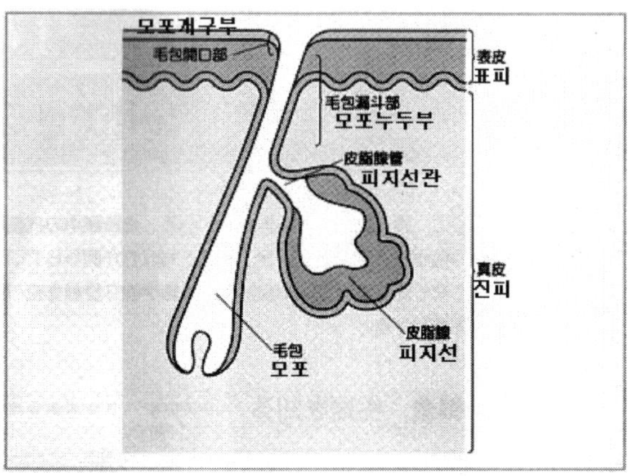

3) 입모근(Erector pilli muscle)

입모근은 진피의 유듀층에서 비스듬히 내려가 피지선 아래에 있는 모낭과 연결되어 있으며자신의 의지로 움직일 수 없는 근육이다. 피부가 갑자기 찬 공기와 접하거나 긴장하거나 무섭고 화가 났을 때 수축되어 모발을 곤두서게 한다. 입모근은 눈썹, 속눈썹, 겨드랑이를 제외한 대부분의 모발에 존재하며, 입모근이 수축되면 모공이 닫히게 되고 피부가 긴장되어 닭살을 형성한다.

6 피부관리를 위한 생리학(Human physiology)

1) 세포(cell)

세포는 원시적인 생명체(바이러스)를 제외한 살아 있는 모든 생물의 기초단위이며, 인체 기본 구조 및 활동 단위이다.

세포는 핵을 갖고 있는 진핵세포(eukaryote)와 핵을 갖고 있지 않는 원핵 세포(pro karyote)로 나뉜다. 세균과 같이 매우 원시적인 단세포생물은 원핵세포에 속하며, 고등한 단세포 생물과 모든 다세포생물은 진핵세포로 구성되어진다. 세포의 크기는 매우 다양하며 세포의 주요 기능은 단백질을 합성하는 것으로, 신체를 구성하는 조직과 큰 기관을 만들기 위함이다.

(1) 세포의 구조

세포는 원형질로 이루어져있으며 세포핵(cell nucleus), 그 주위를 둘러싸는 세포질(cytoplasm), 세포막(cell membrance)으로 나뉜다. 인체 세포의 평균 크기는 10~30㎛이며 기능에 따라 모양과 크기가 다양하다.

(2) 핵(Nucleus)

세포체 중심에 위치하고 있으며 세포의 대사작용과 생식에 중요한 부분으로 핵막에 의해 둘러싸여 있다. 핵은 적혈구와 혈소판은 제외한 모든 세포 내에 존재한다. 핵의 주요 기능은 세포의 대사 또는 증식 및 유전지배 등을 관할하고 세포가 분열할 때 주도적인 역할을 하는 조절센터(control center)기능과 DNA를 갖고 있어 유전인자의 정보 센터(gene activity center)기능을 한다. 세포 내에 보통 1개가 있으며, 핵의 주성분은 염색질이고 여기에는 유전정보를 가진 DNA가 들어 있다. 핵 속에는 보통 한 개 내지 몇 개의 핵소체가 존재하며, RNA가 들어 있다. DNA를 형틀로하여 생산된 RNA는 핵공을 통해 세포질로 나간다.

(3) 세포막

세포의 표면을 기계적으로 싸고 있을 뿐만 아니라, 내부와 외계 사이에서 물질이동이나 막전압 발생 등에도 중요한 역할을 한다. 세포막의 주성분인 지질은 분자의 한쪽 끝부분이 극성이 커 친수성을 띠고, 나머지 긴사슬 부분은 극성이 작아 소수성을 띤다. 이렇게 인지질 이중

막 구조로 구성되어있는 세포막은 세포내부것은 안쪽에, 외부것은 밖에 있도록 유지하며 세포가 환경과 교환해야 할 시기에는 선택적 투과(selecitve permeability)를 하게 된다.

또한 외부신호를 받아들여 반응하는 과정인 세포신호전달(signal transduction) 에도 관여한다.

(4) 세포질

세포질은 핵을 제외한 여러 가지 유형성분인 세포소기관과 그사이를 채우는 무성성분인 세포포함물 로 이루어져 있다. 콜로이드 구조이며 점성 ·탄성 등의 성질도 가지고 있다. 세포질은 세포막과 핵사이의 세포기질로서 물75~80%, 전해질 1.5%, 단백질 10~20%, 지질 2~3%, 탄수화물 1% 등이 포함되어 있다. 그리고 주성분인 단백질과 탄수화물, 지질, RNA도 함유하고 있으며 세포성장, 번식, 자기 복제에 필요한 영양을 포함하고 있다. 세포질의 세포소기관 중에서 중요한 것을 들어보면 다음과 같다.

① 미토콘드리아(Mitochondria)콘드리오솜 또는 사립체(絲粒體)라고 도 한다. ATP(adenosine triphosphate)라고 불리우는 세포의 에너지원을 합성·공급하는 장치이며, 막대모양 또는 실 모양을 하고 있다. 기는 너비 0.5㎛, 길이 2㎛ 정도 되는 것이 많으며 모양은 생물종에 따라 각각 특징이 있고, 호흡에 관여하는 각종 효소를 가지고 있다. 표면은 두 겹의 막으로 되어 있고, 안쪽의 막은 내부로 돌출하여 내판을 형성한다. 내판에는 ADP로부터 ATP를 합성하는 데 관여하는 일련의 효소계가 들어 있어 세포내의 중요한 에너지 대사장치 세포의 각종 기능 즉 물질합성과 물질이동 및 근 수축 등의 에너지원으로 쓰인다.

② 형질내세망(리보솜(Ribosome)과 소포체, Endoplasmic reticulum)세포질에 분포하며, 조면소포체의 표면에 부착되어 있다. 단백질 합성이 이루어지는 곳으로 호염기성 이며 모든 생물종의 세포에서 발견되고, 1개의 세포당 1,000~100만 개가 들어 있다. 세포내 망상구조라고도 한다. 리보솜이라는 리보핵 단백질 과립이 부착되어 있는 것을 조면형질내세망(조면소포체), 이 과립이 붙어 있지 않은 것을 활면형질내세망(활면소포체)라고 한다. 조면형질내세망에는 간단한 주머니 모양의 막구조로 알이나 배에서 볼 수 있는 것과 이자나 간과 같이 주머니를 접은 것처럼 겹쳐진 것이 있다. 주요한 기능은 리보솜에 의한 단백질 합성이다. 합성된 단백질은 직접 소포체의 내강(內腔) 안으로 들어가 농축·저장되거나 운반되어 골지체로 가서 분비단백질이 된다. 활면형질내세망에서는 지질과 스테로이드가 합성된다.

③ 골지체(Golgi body)골지체 본체의 구조는 편평한 구조의 소포인 시스터나(cisterna)로서 3~10개가 나란히 겹쳐 층상구조를 이루고 있다. 골지체의 주요기능은 분비작용이다. 선세포(腺細胞)의 소포체에서 합성된 분비 단백질이 골지체로 운반되고 그곳에서 농축되면 분비과립이 되어 세포 밖으로 분비된다 그리고 당단백질·점액 및 당류의 합성에도 관여하고 지방을 흡수하는 기능이 있다. 골지체는 주로 막구조로 되어 있기 때문에 인지질과 단백질 성분이 많으며, 알칼리성 포스파타아제·비타민 C·카로틴 등을 함유한다.

④ 리소좀(Lysosome)한 겹의 막으로 싸여 있는 공 모양의 소체이며, 대개 미토콘드리아보다 약간 작다. 가수분해효소를 함유한 작은 과립을 많이 가지고 있으며, 세균 등의 이물질을 소화하는 역할을 한다. 이 효소의 작용으로 당원질은 포도당으로 단백질은 아미노산, 지질은 지방산과 글리세롤로 분해시켜 세포대사에 이용을 촉진시킨다.

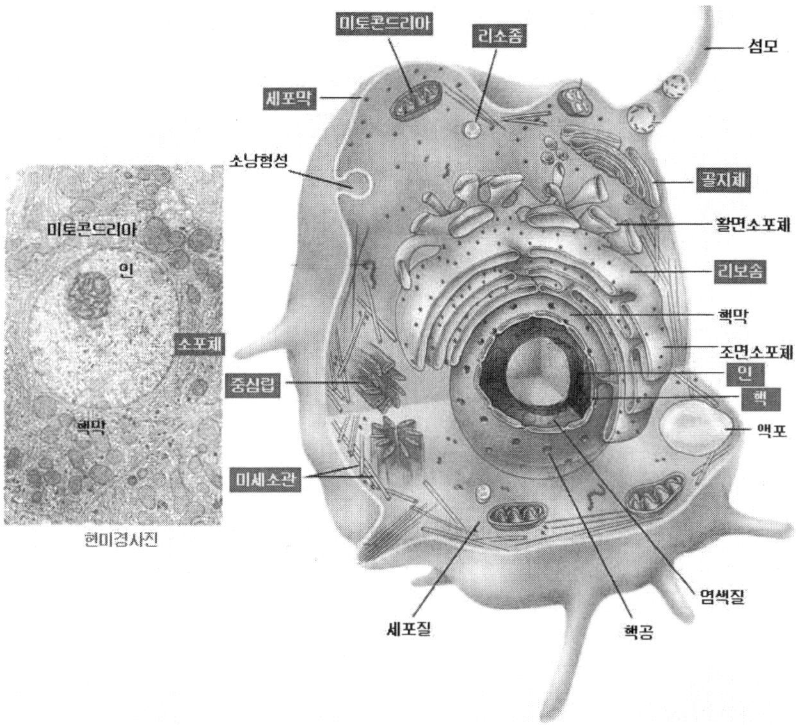

2) 조직(Tissue)

구조와 기능이 비슷한 세포집단과 세포간 물질로 구성되는 다세포 생물구성의 한단계이다. 조직은 동일한 방향으로 분화한 세포군과 세포간질로 구성되며, 특수한 기능을 가진 가각의 조직들은 특징적인 형태로 이루어져 있다. 진화가 잘 되지 않은 하등한 수준의 다세포 생물을 제외하고는 모든 다세포 생물들은 분화된 조직을 가져 그 개체가 좀 더 조직화되고 환경에 효율적으로 반응할 수 있게 된다. 인체를 이루고 있는 조직은 상피조직, 결합조직, 근육조직, 신경조직으로 분류할 수 있다.

(1) 상피조직(Epithelium tissue)

피부, 점막, 심장 내층면, 소화기관, 호흡기관과 내분비선등 신체표면을 보호하는 외피이다. 조직의 가장 큰 특징은 조직끼리 서로 결합하려는 성질을 갖고 있다는 것이다. 상피 조직을 각자 분리시킨 뒤 그냥 놓아두면 세포는 다시 원래대로 결합한다. 이와 같은 성질은 다른 조직세포에서는 전혀 볼 수 없는 현상이다. 말초신경은 분포하고 있으나 혈관이 분포되어 있지 않아 조직 내로 이루어지는 산소 및 영양 공급은 인접한 결합조직의 혈관에서 이루어지는 확산에 의존한다.

(2) 결합조직(Connective tissue)

결합 및 지지 조직은 모두 중배엽(中胚葉)에서 발생하며 주로 세포·세포외섬유·기질로 구성되어 있다. 결합조직은 신체의 다른 조직과 기관 사이 및 내외의 빈 곳을 채우며 이들을 연결하고 보호 해준다. 지지조직과 액상조직으로 분류하는데, 지지조직에는 골(bone), 연골(Cartilage), 인대, 건 등이 있고 액상조직에는 혈액과 림프가 있다.

(3) 근육조직(Muscular tissue)

근육조직은 가늘고 긴 근세포로 이루어지며, 수축성·신장성·신축성·흥분성 등의 특징을 갖고 있다. 인체의 근조직은 구조와 기능에 의해 내장의 운동 및 혈관벽을 형서하는 평활근, 골격계와 더불어 체중을 지탱하고 운동에 관여하는 골격근, 심장벽을 형성하는 심근으로 구별된다.

(4) 신경조직(Nerve tissue)

모든 신경 세포는 전기적인 흥분성을 띄고 있으며, 신경 세포는 이온 통로, 이온 펌프등을 이용하여 나트륨, 칼륨, 칼슘, 염소이온들을 세포막 안과 밖의 농도차를 만들어 막전위를 형성한다. 이 활동 전위를 이용하여 신호를 전달한다.

신경계를 구성하는 주요 조직으로 많은 신경세포와 이것으로부터 나온 축색돌기(軸索突起)·수상돌기(樹狀突起) 및 신경교(神經膠)로 이루어져, 자극에 감응하여 이를 다른 세포에 전달하는 작용을 한다. 이들 신경세포는 시냅스라 부르는 접합부를 통해서 다른 세포와 접촉하고 있으며, 손발에 뻗은 말초신경의 길다란 조직은 신경세포에서 나온 가느다란 축색이 몇 천, 몇 만이 모인 것이다. 대뇌와 소뇌에서는 많은 종류의 신경세포가 무수히 돌기를 내놓아 시냅스를 형성하고 있다.

3) 기관(Organs)

기관은 조직이 모여 어떤 특정 기능을 수행할 수 있는 구조이다. 2가지 혹은 그 이상의 조직으로 구성되어 종합적인 단위로서의 기능을 갖고 있다. 인체에는 대표적으로 피부계·골격계·근육계·신경계·내분비계(호르몬계)·소화계·호흡계·순환계·배설계·생식계의 10가지 기관계가 있다. 신체의 가장 중요한 기관을 다음과 같다.

(1) 뇌

뇌는 감각정보를 통합해 운동반응으로 나타냄으로써 본능적인 생명 활동에 있어서 중요한 역할을 하는 기관이다. 동물의 신경계를 형태적 기능적으로 가장 고차(高次)의 통합을 실행하는 부분이며, 무게가 약 1.4kg이며, 부피는 1,300~1,500cm2 이고, 1,000억 개 이상의 신경세포로 이루어져 있다. 젤라틴과 같은 물질로 되어 있는 뇌는 두개골 이외에도 뇌 척수막이라 불리는 3겹의 질긴 보호막으로 둘러싸여 있다. 이 뇌막 사이의 공간과 뇌 내부의 공간들은 뇌척수액으로 채워져 있는데, 이 액체는 압력과 충격을 흡수하는 역할을 한다.

뇌의 구조를 살펴보면,

① 대뇌(cerebrum) : 기억, 사고, 판단 감정 조절등의 일을 수행, 가장 큰 부분 차지.전두엽, 두정엽, 측두엽, 후두엽으로 구성

② 소뇌(cerebellum) : 몸의 운동을 조절하며 균형유지에 관한 일을 수행

③ 연수(medulla oblongata) : 소화, 순환, 호흡조절하며 반사 운동에 관여

④ 간뇌(diencephalon) : 체온, 혈압, 혈당 등을 조절하며, 수면에 관여

·대뇌 구성

전두엽(frontal lobe)
·대뇌앞쪽에 위치.
·의욕, 창조, 감정의 중추로서 사고와 언어에 관한 일을 담당.
·뇌가 활동하는 동안 여러 부위에 저장된 기억 정보들을 불러 내어 작업하는 곳.

두정엽(parietal lobe)
·후두엽과 중심구 사이에 위치.
·운동, 미각, 감각의 중추로서 촉각, 통각 등 피부에서 비롯하는 신체의 감각정보를 처리.

측두엽(temporal lobe)

·대뇌의 양측면에 위치.

·운동, 미각, 감각의 중추로서 촉각, 통각 등 피부에서 비롯된 신체의 감각정보를 처리.

후두엽(occipital lobe)

·대뇌의 뒤쪽에 위치.

·시각의 중추로서 시각정보에 의한 형태지각 인식에 관여

(2) 심장

심장의 무게는 성인이 약 350~600g으로 혈액을 순환시키는 원동력이 되는 순환계의 중추기관이다. 주기적인 수축과 이완을 되풀이함으로써 혈액을 온몸에 공급하는 펌프역할을 한다. 사람의 심장은 나란히 붙어 있는 우심방과 좌심방 구조이며 우심방은 온몸을 돌고 온 정맥피가 들어와서 폐로 보내지는 곳이고, 좌심방은 폐로부터 산소가 많은 신선한 동맥피가 들어와서 온몸으로 보내지는 곳이다. 우심방 윗부분과 아랫부분 사이에는 삼첨판이라는 칸막이가 있고, 좌심방 윗부분과 아랫부분에는 이첨판이라는 칸막이가 있어서 혈액이 거꾸로 흐르는 것을 막아준다. 수축과 이완에 의해 심장박동이 나타나는데, 휴식상태에서 심장은 보통 1분에 60~70회 수축하고 심장이 수축할 때 대략 80mL 정도의 혈액을 대동맥으로 내보내므로, 1분당 약 5L의 피가 심장을 거쳐 우리 몸을 돌고 40~50초 만에 다시 되돌아오게 된다. 우리 인체는 혈액을 온몸에 전달해주는 방식으로 체순환과 폐순환이 있다.

체순환은 혈액이 심장(heart)에서부터 폐(lung)를 제외한 온몸을 돌고 다시 심장으로 돌아오는 혈액의 순환으로 대순환 이라고도 하며, 폐순환은 혈액이 심장과 폐 사이만을 순환한다.

·체순환좌심실 → 대동맥 → 온몸모세혈관 → 대정맥 → 우심방

·폐순환우심실 → 폐동맥 → 폐모세혈관 → 폐정맥 → 좌심방

·심장구조의 역할

우심방

대정맥으로부터 들어오는 혈액을 받음

우심실
폐동맥으로 혈액을 내보냄

좌심방
폐정맥으로부터 들어오는 혈액을 받음

좌심실
대동맥으로 혈액을 내보냄

판막
심방과 실실사이, 심실과 동맥사이에 있음, 혈액이 거꾸로 흐르는 것 방지

·혈관역할과 특징

동맥
·심장에서 나가는 혈액이 흐르는 혈관.
·혈압이 높고, 혈관벽이 두껍고, 탄력성이 크다.

정맥
·심장으로 들어가는 혈액이 흐르는 혈관.
·혈압이 낮고, 혈관벽이 얇고, 탄력성이 약하다.

모세혈관
·동맥과 정맥을 연결해 주는 혈관.
·혈관벽이 한층의 세포로 되어 있고, 조직세포와 물질교환이 이루어 짐.

(3) 폐

호흡작용이라 부르고 생명유지의 기본기능인 공기중에 산소를 혈액중으로 받아들이고, 혈액속의 노페물인 이산화탄소를 공기중으로 배출시키는 대기와 혈액 간의 가스(산소와 탄산가스) 교환역할을 한다. 그 외에 산-염기의 평형 조절, 내분비기능 및 말초로부터 심장으로 돌아오는 정맥혈액의 환류(venous return)에 미치는 영향 등 여러 가지 기능을 수행하고 있다.

숨을 들이 쉴 때 공기는 코나 입을 통해 들어가 성대를 지나 기관지로 먼저 들어가게 된다.

기관지는 오른쪽 기관지와 왼쪽 기관지로 나누어지고, 이 기관지는 더 작은 기관지로 갈라져서 폐와 이어져 있다. 폐는 폐포라 불리는 작은 공기 주머니로 이루어져 있고 오른쪽 폐는 크게 3조각으로 나누어져 있고, 왼쪽 폐는 2조각으로 나누어져 있다. 이런 폐의 조각을 "엽"이라 부른다. 오른쪽 폐는 다시 우상엽, 우중엽, 우하엽으로 나누어지고, 왼쪽 폐는 좌상엽, 좌하엽으로 나누어진다.

폐는 흉막이라는 얇은 막에 둘러싸여 있고 정상적으로 성인의 오른쪽 폐는 왼쪽 폐에 비해, 너비는 넓고 길이는 짧으며, 무게는 620g정도이고 폐기능의 55%를 담당한다.

왼쪽 폐의 무게는 560g 정도이다.

(4) 간

간은 인체에서 가장 큰 선(gland)으로 무게는 약 1~1.5㎏이며, 오른쪽 횡격막 아래의 복부에 위치하여 늑골의 보호를 받고 있다. 간은 많은 세포로 구성되어 있으며 그 사이를 담관과 혈관이 지나간다. 간을 구성하고 있는 세포의 대부분이 간세포로서 그 수는 2천억~2천5백억 개정도 되며 무수한 기능을 수행한다. 간소엽이 모여 만들어진 간은 크게 좌엽과 우엽으로 나뉘며 우엽이 좌엽보다 훨씬 크고 두껍다.

간에 필요한 영양소와 산소를 공급하기 문맥이라는 특수한 혈관이 존재하는데, 우리가 먹은 음식물은 소화기관에 의해 소화·흡수되어 심장으로 돌아가기 전에 대부분의 영양소가 문맥(portal circulation)을 통하여 간으로 들어간다. 간은 이 영양소를 사용하여 생명 유지에 필요한 물질을 생산, 저장, 전환시키는 기능을 담당하고 있다. 그리고 탄수화물, 단백질, 핵산, 알코올의 대사로부터 암모니아를 요소로 바꾸고, 쓸개즙을 생산하고 영양소를 저장하고 해독 작용을 하며 배설 및 방어 작용을 한다. 순환 혈액량의 조절과 물, 전해질 대사 기능 외에도 혈액응고 인자의 생성등 수없이 많은 기능들을 담당하고 있는 간은 인체의 화학공장 집단이라고 할 수 있다.

간은 탄수화물, 단백질, 지방의 대사 및 소화작용·비타민 및 호르몬 대사·체내로 흡수된 화학물질의 해독·혈액속에 침입한 세균의 파괴·혈액응고 인자 합성·혈액량 조절 등 다양한 기능을 통하여 기본적인 신체 기능을 유지 시키고, 인체를 외부의 해로운 물질로부터 보호하는데 많은 도움을 주는 역할을 한다.

(5) 신장

사람의 신장은 길이 10cm, 너비 5cm, 두께 3cm 정도의 강낭콩의 모양으로 횡격막 아래에 등쪽으로 좌우에 1개씩 자리잡고 있으며, 무게는 양쪽 신장을 합해서 약 200g이다. 통계적으로 볼 때 왼쪽 신장이 오른쪽보다 약간 작다고 알려져 있다. 신장의 단면을 보면 세 부분으로 구성되어 있는데, 바깥쪽은 피질이고, 그 안쪽은 수질, 그리고 수질 안쪽이 신우이다. 신장의 피질은 혈관이 많이 분포되어 있으므로 암적갈색으로 보이며 이곳에는 사구체와 보먼주머니로 구성된 말피기소체가 있고 둥글고 잔 알갱이 모양으로 보인다. 담홍색을 띠고 있는 수질은 세뇨관과 이들이 합쳐 놓은 집합관으로 구성되어 있으며 집합관의 끝이 신우에 열려 있다. 그리고 신우는 수뇨관으로 이어져 있다.

신장은 노폐물과 불필요하게 많은 수분, 그리고 무기염류를 소변으로 만들어 내보냄으로써 혈액 내의 이온 농도와 pH, 그리고 혈압을 조절하고 비타민 D를 활성화시켜서 소장에서 칼슘이 흡수되도록 도와주며 여러 가지 호르몬의 합성에도 관여한다.

(6) 위

위는 음식물을 일시적으로 저장하면서, 본격적으로 소화가 시작되는 기관이다. 위의 내벽세포에서는 펩시노겐과 염산을 분비한다. 염산은 강한 산으로 음식물에 섞여있는 세균과 미생물을 없애준다. 또한 염산에 의해 펩시노겐이 활성화되어 펩신을 만들어 단백질을 분해하는 소화가 일어난다. 그러나 이렇게 강한 산과 소화효소를 분비하는 위는 영향을 받지 않는데, 그 이유는 위의 내벽에서 뮤신이 분비되어 위를 보호하기 때문이다.

(7) 장

크게 소장과 대장으로 구분된다. 소장은 소화운동을 하면서 영양분을 소화·흡수하는 중요한 부분이고, 대장은 주로 수분을 흡수하며, 식물섬유 등 음식물의 일부가 소화된다.

소장은 길이가 6~7m이며, 위 속에서 유미상으로 된 음식물이 간에서 분비되는 쓸개즙, 이자에서 나오는 이자액, 장벽(腸壁)에서 나오는 장액 등의 소화액에 의해 소화시켜 흡수한다.

소장의 내면은 전체에 걸쳐 융털이라고 하는 비로드 모양의 점막소돌기가 나 있다.

대장은 전체적으로 굵고 길이는 약 1.5m이며 주로 수분을 흡수하며,

식물섬유 등 음식물의 일부가 소화된다.

(8) 피부

피부의 경우는 체표를 덮은 조직으로 물리적 ·화학적으로 외계로부터 신체를 보호하는 동시에 전신의 대사(代謝)에 필요한 생화학적 기능을 영위하는 생명유지에 불가결한 기관이다.

4) 골격계

(1) 두개골(Skull)의 구조

두개골은 15종 23개의 뼈로 구성되며 두 개강을 둘러싸는 부분인 뇌두개골과 얼굴을 형성하는 부분 안면두개골로 구성되어 있다. 뇌두개골은 뇌를 보호하는 기능으로 뇌와 시각·청각 및 평형감각에 관계되는 기관들을 보호하고 지지하며, 안면두개골을 안와·비강·구강 등의 기초를 이루며 몸통골격의 최상부를 형성한다.

(2) 뇌두개골(Cranial Bones)

뇌두개골은 6종 8개의 뼈로 구성되어 있다.

① 이마뼈(전두골, frontal bone) : 이마를 이루고 있다.

② 마루뼈(두정골 2개, parieral bones) : 두개골의 위와 옆을 형성하는 편평골로 한 쌍을 이룬다.

③ 뒤통수뼈(후두골,occipital bone) : 두개골의 뒤쪽 아랫부분을 형성한다.

④ 관자뼈(측두골 2개, temporal bones) : 두개골의 외측면인 귀 부위를 형성한다.

⑤ 나비뼈(접형골, sphenoid bone) : 두개골의 저부에 위치하며 두개골의 모든 뼈와 연결되어 있다.

⑥ 벌집뼈(사골, ethmoid bone) : 안와 사이 비강의 천장을 이루고 전두골의 후하방에 있다.

(3) 안면골(Facial bone)

안면골을 8종 14개의 뼈로 구성 되어 있다.

① 코뼈(비골 2개,nasal bones) : 상악골의 전두돌기 사이에 위치하며 콧마루를 형성한다.

② 광대뼈(관골 2개,zygomatic bones) : 볼의 튀어나온 부분을 형성하며, 한쌍을 이루고있다.

③ 위턱뼈(상악골 2개,maxilla) : 윗턱을 형성하는 뼈로서 앞쪽은 입의 뿌리이고 측면벽은 비강벽과 안와강의 바닥을 이루는 뼈이다.

④ 아래턱뼈(하악골, mandible) : 안면골 중 가장 크고 길며 아래턱뼈로 턱의 아랫부분을 형성한다.

⑤ 눈물뼈(누골 2개,lacrimal bones) : 안와 내측벽 앞에 있는 작고 약한 뼈이다.

⑥ 입천장뼈(구개골 2개,palatine bones) : 상악골이 후방에 붙어있는 한 쌍의 뼈이다.

⑦ 아래코선반(하비갑개 2개,interior nasal concha) : 비강의 외측벽을 이루는 한 쌍의 뼈이다.

⑧ 보습뼈(서골 vormer bone) : 비중격 후하부를 형성하며 코를 나누는 벽 부분을 형성하는 뼈이다.

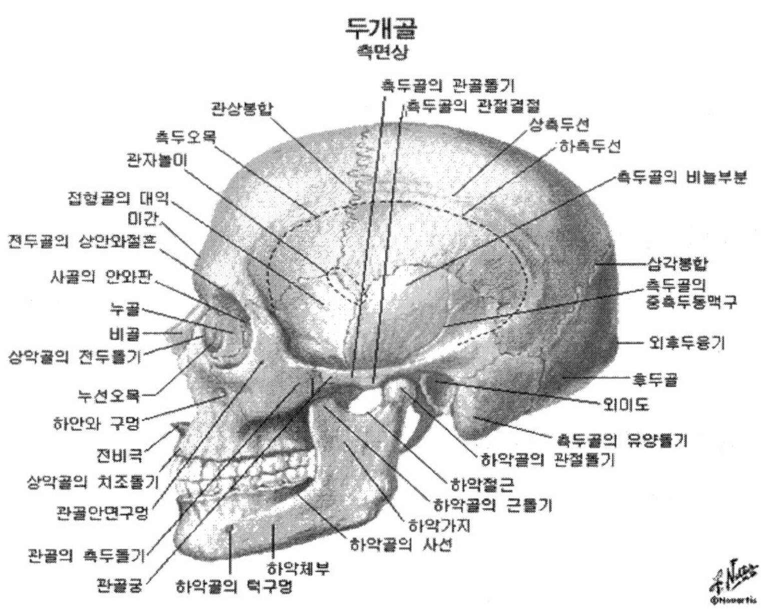

두개골
전면상

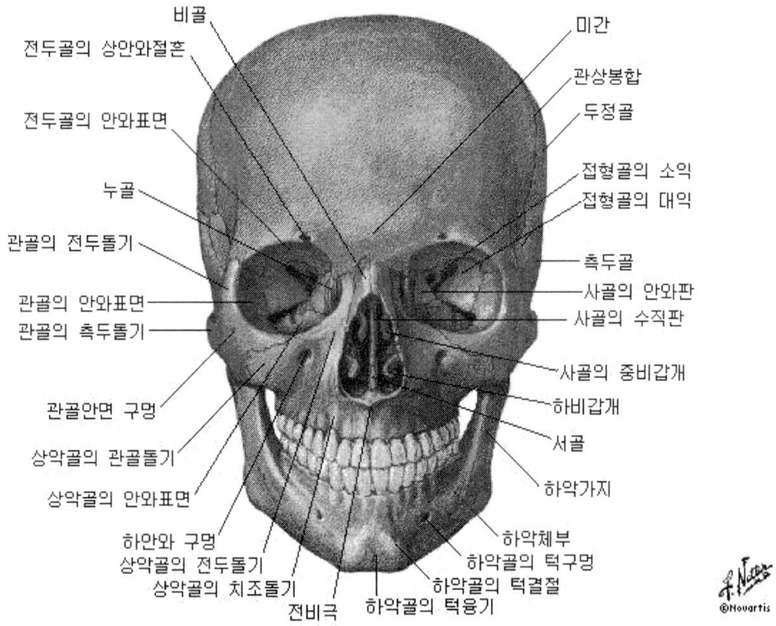

5) 근육계

근육계는 골격을 감싸주며 지탱해 준다. 근육은 종류와 작용에 따라 신체의 움직임도 다양하게 변화하는 수축 섬유조직으로 신체의 모든 움직임을 만들어낸다. 근육계는 체중의 40~50%를 형성하고 평활근, 골격근, 심근으로 나뉘어 진다.

(1) 안면근육(muscles of facial expression)

① 이마힘살(전두근 frontal belly)

전두골을 덮고 있으며, 이마에 주름을 생기게 하고 눈썹을 위로 움직인다.

② 뒤통수 힘살(후두근, occipital belly)

후두골을 덮고 있으며, 두피의 주름을 생기게 한다.

③ 눈둘레근(안륜근, orbicularis oculi)

안와를 완전히 둘러싸고 있으며 눈을 감게 하는 기능이 있다.

④ 눈썹주름금(추미근, corrugator)

미구의 내측 끝에서 시작하여 안와궁의 중앙 저부를 덮고 피부의 심층에 부착하고 있으며, 눈썹을 하방, 내측으로 당기고, 미간 좌우에 주름을 만든다.

⑤눈살근(비근근, procerus)

비골하부를 덮고 있는 근막과 외측 비연골의 상부를 덮는 근막에서 시작하여 콧등과 비익에서 정지하며, 비공을 넓히는 기능이 있다.

⑥ 볼근(협근, buccinator)

상·하악골의 치조돌기에서 시작하여 구각에서 정지하는 볼근육으로 음료수나 젖을 빠는 데 쓰이며, 입술사이로 공기를 내보내는 기능도 한다.

⑦ 턱끝근(이근, mentalis)

턱의 피부에 부착하며 턱과 아랫입술을 올리고 의심하거나 불쾌할 때 턱에 주름이 지게 하고 아랫입술을 위로 올려 당긴다.

⑧ 입둘레근(구륜근, orbicularis oris)

입을 둘러싸고 있으며, 입을 다물게 하고 휘파람 또는 촛불을 끌 때 이용된다.

⑨ 입꼬리당김근(소근, risorius)

구각을 외방으로 당겨 볼에 보조개를 만들어 낸다.

⑩ 광대근(관골근, zygomaticus)

구각을 끌어당겨 웃는 표정을 만든다.

(2) 저작근(Muscle of mastication)

① **관자근**(측두근, temporalis)

측두와에서 시작하여 하악골의 근돌기에서 정지한다. 입을 열고 닫을 때 움직인다.

② **깨물근**(교근, Masseter)

권골궁부터 기시하여 하악각에 정지하는 두꺼운 근육으로 아래턱뼈를 위로 당긴다.

③ **안쪽날개근**(내측익돌근, medial pterygoid)

하악각 내측에 부착하여 하악골을 상·외측으로 당기는 역할을 한다.

④ **가쪽날개근**(외측익돌근, lateral pterygoid)

접형골의 날개돌기 외측에서 기시하여 하악골의 관절돌기의 목부위에 부착하며 턱을 앞으로 당기고 좌우로 움직이게 하는 근육이다.

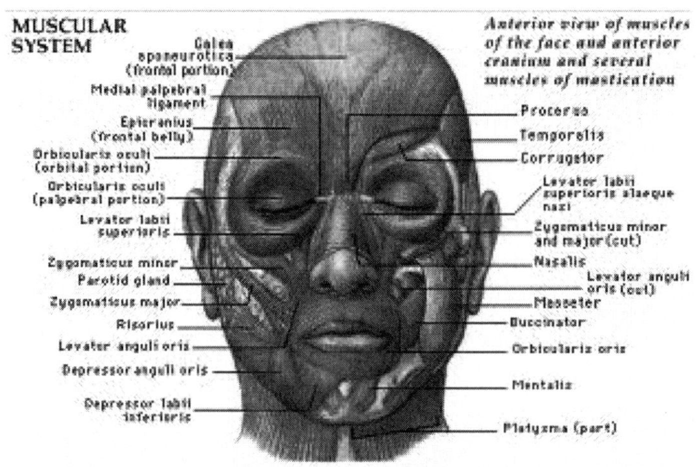

(3) 목의 근육(muscle of the neck)

① **넓은 목근**(광경근, platysma)

안면신경의 지배를 받으며, 구각을 하방으로 당겨 슬픈표정을 짓게 한다. 또한 면도할 때 피부의 긴장도를 유지시킨다.

② **목빗근**(흉쇄유돌근,sterno-cleido-mastoid muscle)

목의 앞쪽 측면 양쪽에 위치하며, 고개를 끄덕거릴 때나 머리를 회전시키거나 구부리는 기능을 한다.

③ **등세모근**(승모근, trapezius muscle)

부신경과 경신경총의 가지를 받고, 극돌기에서 기시하여 견갑극 및 쇄골에 정지한다. 견갑골을 위로 당기며 머리를 뒤나 옆으로 굽힌다.

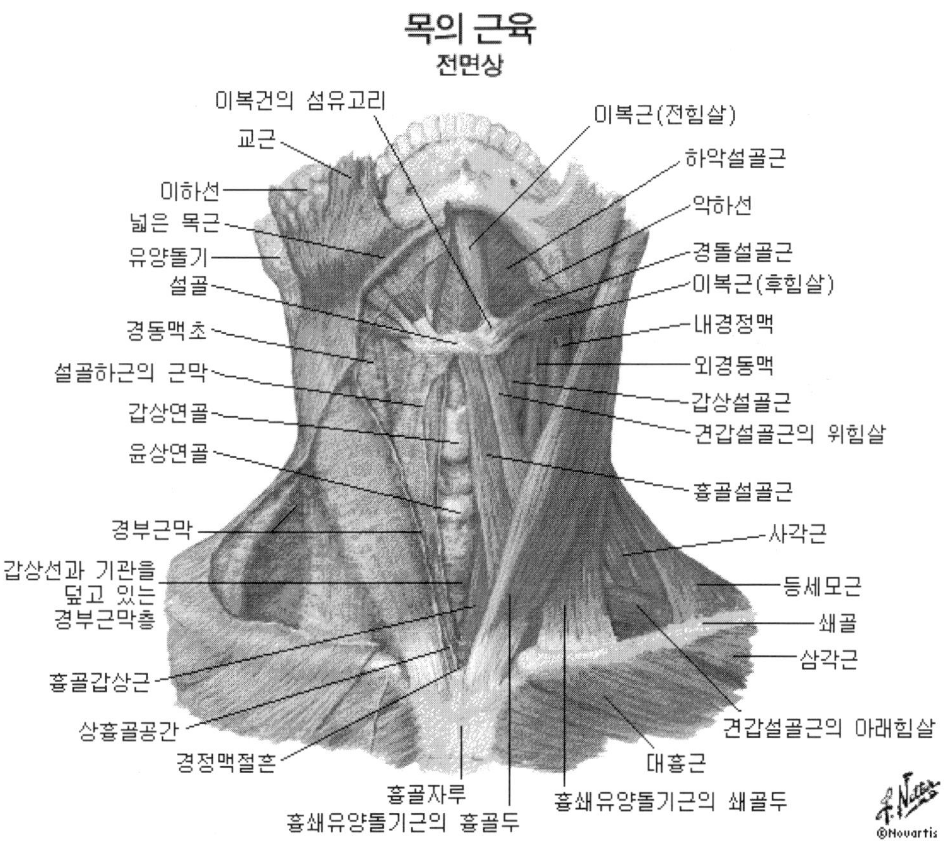

7

피부관리의 위생 및 소독
(Sterilization and sanitaion of the skin care)

우리는 지구의 나이를 46억 살로 추정하며 지구에서 최초로 태어난 원시생명체는 지금의 박테리아와 같은 모습이었다고 한다. 이렇듯 오래전부터 미생물들은 우리들과 함께 공존하면서 생활하고 있다. 무수히 많은 종류의 미생물이 서식하고 있는데, 그 미생물 중 어떤 것은 사람이나 동물에 해를 끼치기도 하고 어떤 것은 유익하게 작용하거나 전혀 해가 없는 상태로 존재하기도 한다. 미생물(microorganism)은 현미경이 아니면 볼 수 없는 아주 작은 단세포 생물이며, 크게 세균(bacteria), 바이러스(virus), 진균(fungi) 으로 나뉜다. 네덜란드의 안토니 반 레벤후크(Antony van Leeuwenho, 1632~1723)는 현미경을 발명하여 미지의 세계인 미생물을 처음 발견했고, 뒤이어 발효와 부패를 일으키는 원인을 찾아낸 프랑스의 세균학자 루이 파스퇴르(Louis Pasteur, 1822~1895)와 무균수술방법을 발견한 죠셉리스터(Joseph Lister,1865)가 있다. 그 결과 실제적으로 질병을 관리, 예방하게 되었고 대부분의 질병이 사라지게 되는 계기를 맞았다. 세균은 공기, 먼지, 오물, 쓰레기, 죽은 세포조직, 인체의 피부, 노폐물, 의복 등 에 존재하며, 곰팡이류나, 효모, 사상균, 박테리아, 바이러스 등은 피부관리실 내에서 병을 일으킬 수 있다. 따라서 피부관리사들은 위생에 필요한 도구의 사용과 다른 개인적인 물건으로부터 감염성 세균에 질병이 전염되지 않도록 위생관리에 철저해야 한다.

1) 병원성 미생물

병원성 미생물은 사람이나 동물 또는 식물에 침투하여 질병을 일으키는 해가 되는 세균이다. 환경조건만 적당하면 순식간에 증식할 수 있어 번식력이 빠르고, 독소를 생성하여 감염이나 질병을 확산시킨다. 환경에 적응할 수 있는 능력이 탁월하여 자신을 크게 변화시키지 않고 주위의 변화를 내 것으로 수용하는 다양한 특징을 가진 것을 볼 수 있다.

병원성 미생물은 생물학적으로 세균(bacteria), 바이러스(virus), 진균(fungi), 리케차(Rickettsia), 원생동물(Protozoa)), 클라미디아(Chlamydia) 등 6가지로 나눌 수 있다.

(1) 세균(bacteria)

세균은 단세포 생물이며 생명체들 중에 가장 많이 번성하였다. 원핵생물의 특징을 그대로 가지고 있으며 크기는 0.5㎛~0.5mm까지 다양하며 물속과 같이 외부환경에서도 살지만, 동물의 위나 장과 같이 다른 생물의 안에서 살기도 한다. 세균은 종류에 따라 여러 물질대사법을 가지고 있는데 크게 산소가 없는 곳에서 생활하는 혐기성세균과 산소가 있는 곳에서 생활하는 호기성세균으로 나눌 수 있으며 혐기성세균들을 이용하여 김치나 된장과 같은 발효식품을 만들거나 술을 담그기도 한다. 이러한 세균은 인간의 신체 중에 어느 부위에 존재하느냐에 따라 병원균이 되기도 하고 병원균이 아닐 수도 있다. 세균은 형태에 따라 세가지로 구분된다.

① 구균(coccus) : 타원형이나 누에콩처럼 대부분 둥근 모양을 가지며, 각기 특유한 균주의 배열을 보인다. 포도송이 모양으로 번식하여 종양, 농포, 종기의 원인균인 포도상구균(staphylococci), 사슬 모양으로 번식하여 급성인후염을 일으키는 연쇄상구균(streptococci), 이 밖에도 폐렴의 원인균인 쌍구균(雙球菌),·4연균(四連菌) 또는 신장형·심장형 등이 있다.

② 간균(bacillus) : 길고 가느다란 막대 모양의 세균으로 파상풍, 감기, 홍역, 결핵, 디크테리아, 탄저균등을 일으키는 원인균이다.

③ 나선균(spirillum) : 세포벽을 얇고 탄력성이 있는 나선형 또는 S모양으로 콜라라균과 매독균이 이에 속한다.

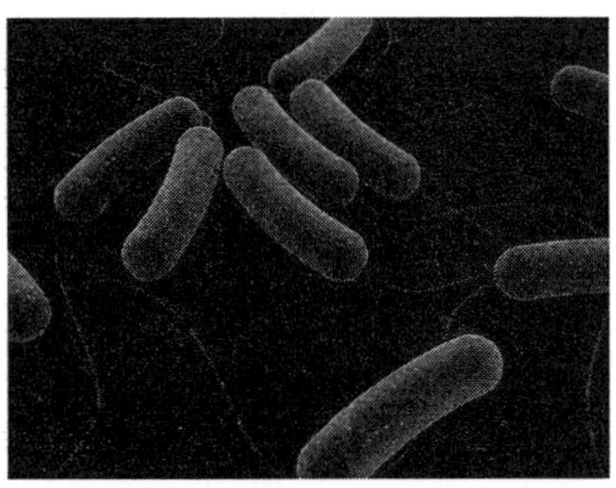

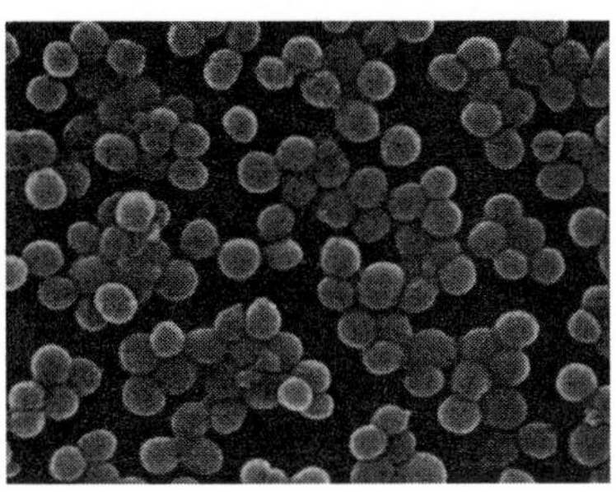

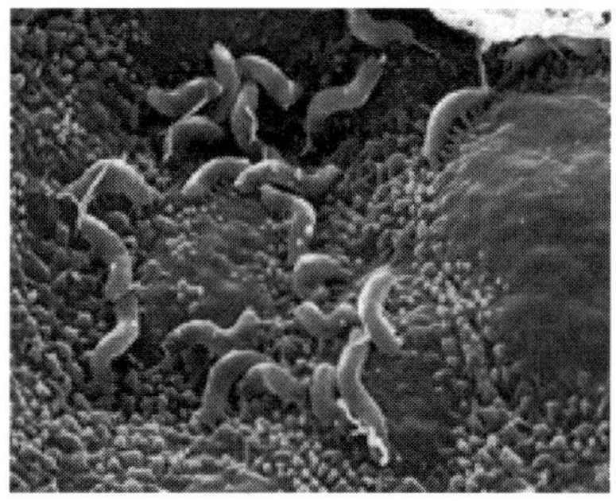

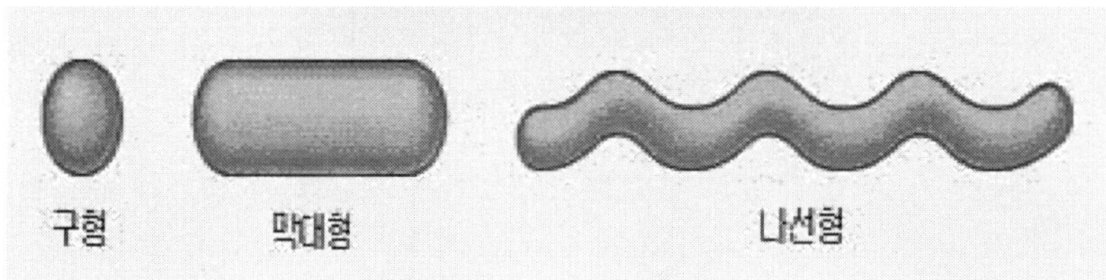

(2) 비병원성 세균

비병원성 박테리아는 사람과 함께 공생하면서 해를 주지 않는 유익한 세균들이다. 음식물이나 산소를 생산하는데 도움을 주고 음식물을 분해시켜 소화 작용을 도와준다. 뿐만아니라 피부, 구강, 대장, 질 등에 존재하여 병을 일으키지 않는다.

(3) 세균의 성장과 증식

세균은 적당한 환경과 충분한 영양분에 의해 성장하고 증식한다. 세균의 성장주기는 2단계 인데 활동기(active)와 생장기(vegetative), 그리고 비활동기(inactive)와 포자 형성(spore-forming)의 단계이며 최대한 성장을 하고 난 후 2개의 낭세포로 분열한다. 환경조건이 좋으면 20~30분마다 배수로 증가 하는데 반해 적당하지 않은 환경에서는 저항하기 위해 둥근 포자 모양을 만든다. 세균에 따라서 고온이나 생활환경이 악화되면 세포 내에 아포(spore)를 형성하는데 , 이를 포자라 한다. 포자는 내열성이 강해 100℃이상 가열해도 죽지 않고, 121℃에서 15분간 고압증기멸균해야 완전히 사멸된다.

(4) 바이러스(virus)

살아있는 생명체중 가장 작으며 세균여과기로도 분리할 수 없으며 전자현미경을 사용하지 않으면 볼 수 없는 작은 입자의 형태를 가지고 있다, 에너지 생성기구나 단백질 합성기구가 없어 증식은 모두 숙주세포에 의존하여 살아간다. 감기나 홍역, 수두와 ADIS 등의 질병을 발생시키며 생물과 무생물의 특성을 모두 갖고 있다.

(5) 진균(fungi)

핵막을 가진 진핵생물을 진균류라 하고 진균은 아포를 형성하는 식물로 버섯, 효모, 곰팡이가 이에 속한다. 진균류는 자연계에 널리 분포하며, 그 종류도 다양하여 약 8,000여 종에 이르고 있다. 사람에게 해를 끼치기도 하지만 오히려 생활에 유용한 것도 많다. 진균은 일반적으로 포자라고 하는 생식세포를 형성하여 증식과 번식을 하는데 그 특징이 분류 기준이 되며 사람에게 질병을 일으키는 피부사상균이 상당수 있다. 대부분의 피부사상균은 피부나 손톱, 모발에서 증식하수 있기 때문에 크게 두부백선, 체부백선, 족부백선 등의 피부 감염을 일으킨다.

(6) 리케차(rickettsia)

세균과 바이러스의 중간에 속하는 미생물로서 단단한 세포벽으로 둘러싸여 있는 간균을 말한다. 사람이나 동물의 병의 원인이 되는 미생물 병원체로서 광학현미경으로 관찰 가능하며, 길이 0.3~0.5μm 지름 0.3μm 정도의 구형을 띄고 있다. 운동성이 없으며 이분법을 통해 증식한다. 자연에서 이, 진드기, 벼룩 등의 흡혈성 절지동물에 기생하며, 이들을 매개로 감염되어져 발진성과 열성질환을 나타낸다.

2) 피부관리실의 위생

피부미용 분야에서 위생은 고객들에게도 중요할 뿐만 아니라 우리 자신의 보호를 위해서도 매우 중요하다. 깨끗하고 정돈이 잘된 관리실은 피부관리사의 첫인상이 결정되는 곳이므로 관리실 입구에서부터 모든 과정의 위생 상태가 지켜져야 한다. 피부관리 시 감염이나 부상은 도구나 장소가 위생적이지 못할 경우 발생하므로 위생적인 처리는 매우 중요하다. 위생은 건강을 증진시키거나 유지하기 위하여 기구들을 깨끗이 하는 것이고, 소독은 모든 종류의 박테리아가 인체에 해를 끼치지 않도록 처리하는 과정이며, 멸균은 감염의 원인인 병원체를 사멸 하는 것 이다. 따라서 고객과 관리사의 위생을 위해 관리실 주변은 물론 사용되는 도구와 위생, 그리고 살균방법 등을 정확히 알고 대책을 세워야 한다.

피부관리실의 일반적인 위생예방법은 다음과 같다.

·유니폼과 신발은 항상 깨끗하고 단정하게 한다.
·구취, 몸냄새가 나지 않도록 몸을 상쾌하고 청결하게 한다.
·관리 전후, 항상 손을 씻고, 손톱은 짧고 청결하게 유지한다.
·관리 중간 다음작업을 연결할 시에도 손소독을 반드시 한다.
·바닥에 떨어진 물건은 소독하여 사용한다.
·화장품 사용 시 스파츌라로 덜어 사용하고 뚜껑은 반드시 닫아둔다.
·한 번 사용한 타월과 해면, 스파츌라등 작업 용구는 소독하여 사용한다.
·필요시 마스크를 착용한다.
·모든 작업 표면은 적절한 소독방법으로 청소되어야 한다.
·화학용품 사용 시 사용방법을 꼭 습득하여야 한다.
·전문적 지식과 기술 향상을 위해 노력하며, 친절한 서비스 정신을 갖춘다.

3) 소독(Disinfection) 과 멸균(Sterilization)방법

· 소독(Disinfection)

병원체(病原體)를 신체의 외부에서 이학적(理學的) 또는 화학적 수단으로 직접 죽이는 처치를 말하며, 감염원 및 감염경로대책(感染經路對策)의 하나로서 중요하다.

· 멸균(Sterilization)

병원체·비병원체(非病原體)를 불문하고 모든 미생물을 사멸시키는 것을 말하며 살균(殺菌)도 멸균과 동의어(同義語)로 쓰인다.

4) 소독방법

(1) 자연소독방법

① 희석(Dilution): 독성물질이 대기나 물속에 존재하는 경우 다량의 공기나 물에 의해 희석되어 독성효과를 감소하는데, 희석 자체에 의한 살균효과는 없으나 감염원을 무한히 희석시키면 세균은 군락(colony)을 형성할 수 없으므로 발육이 지연될 수 있다. 따라서 감염원을 희석하여 주는 것만으로도 소독을 실시한 것처럼 세균수를 감소시키고 더 이상 증식할 수 없게 할 수 있다.

② **자외선**: 침구·책 등의 일광소독의 살균효과는 자외선에 의한 것이다. 인공적인 자외선인 살균등의 경우는 주로 2.537Å의 파장을 조사한다(1 Å은 10m). 자외선의 살균은 공중이나 표면 존재하는 대부분의 미생물에 대해 유효하며 선량은 거리의 제곱에 반비례하여 약해지고 그림자 부분은 효과가 없다. 자외선을 이용한 살균작용으로 이불, 수건 등을 소독할 수 있다. 내부침투력이 약하기 때문에 물체의 표면소독에 주로 사용된다.

5) 물리적소독방법(이학적 소독, physical sterilization)

열이 가장 많이 이용된다.

(1) 열처리

① 소각처리(燒却處理): 불에 태워 처리하는 가장 쉽고 안전한 방법으로 일정한 시설과 안전기준에 부합한 장소에서 태워야 한다. 재활용하지 못하는 일회용 물질이나 종이, 천 등에 쓰인다.

② 건열멸균법(乾熱滅菌法): 건열에 의해 미생물을 산화 또는 탄화시켜서 멸균하는 방법으로, 고온에서 안정한 내열성 물질을 멸균하는데 효과적인 방법이다. 보통은 실험기구·의료기구 등에 쓰이며 150~180℃에서 30분간 가열함으로써 멸균시킨다.

③ 자비(煮沸)처리: 식기·소형 천 등 일상생활에서 가량 흔히 쓰이는 것이며 100℃ 20분 이상 즉각 끓임으로써 아포(芽胞 ; 胞子)를 제외한 대부분의 미생물이 살균된다. 자비소독으로 멸균은 기대할 수 없으나, 영양세포는 수초에서 수분 내에 사멸된다. 끓는 물속에 중조(탄산나트륨)1~2%, 붕소(1~2%), 석탄산(페놀) 또는 크레졸 비누액 2~5%를 가해주면 소독력을 높이고 금속기구가 녹스는 것을 방지 할 수 있다.

④ 고압증기(高壓蒸氣)멸균법: 고온(132℃)에서 20분간 증기소독 하는 것이며 아포도 사멸시킨다. 가장 확실하고 안전한 멸균법으로 병원 등에서 이용된다. 아포를 포함한 모든 미생물을 빠른 시간 내에 사멸시키는 가장 효과적이고 독성이 없는 경제적인 방법으로 현재 가장 널리 이용되어지고 있는 방법이다. 하지만 고온에서 변질하는 것이나 분말·기름 등은 고압증기 멸균법 사용을 하지 않아야 한다.

(2) 방사선멸균

식품이나 피멸균물에 코발트(Co)나 세슘(Cs)과 같이 방사선을 대량으로 방출할 수 있는 방사선원을 이용하여 멸균하는 방법이다. 투과력이 매우 강하며 포장된 물품의 멸균을 가능하게 하며, 짧은 시간내애 멸균효과를 얻을 수 있다.

(3) 여과법

열에 불안정한 약품 또는 가열에 의해 변질을 일으키는 혈청, 당, 요소 등과 같은 재료의 멸균이나 바이러스의 분리, 세균의 대사물질 분리를 할 때 이용되는 소독 방법이다. 여과효율이 높은 섬유 필터를 이용한다. 제품의 발달로 거의 모든 부유미생물을 여과할 수 있게 되었으며, 병실·수술실의 배기와 각종 멸균실에 이용되고 있다.

(4) 초음파 살균법

음파를 이용하여 화학반응, 유화작용, 기계적작용, 가열작용으로 미생물이 산균되는 성질을 이용한 방법이다. 신속하게 살균되지만, 살균력을 정확히 측정하기 어려운 단점이 있다.

6) 화학적 소독법(Chemical sterilization)

이른바 소독약을 써서 살균하는 것이며 계면활성제, 할로겐 및 그 화합물, 알코올류, 가스상(狀)으로 작용하는 약품 등 여러 가지가 있다.

(1) 크레졸 비누액

크레졸은 물에 잘 용해되지 않으므로 크레졸 비누액으로 만들어 사용한다. 소독력은 석탄산의 2배이며, 사용하는 농도는 2~3%의 수용액이다. 보통의 세균, 결핵균에 작용하지만 아포와 바이러스에는 효력이 없다. 단점은 냄새가 강하고 용액이 혼탁한 점이 있다.

(2) 계면활성제

역성 비누와 양성 계면활성제가 있으며 양자가 모두 아포에는 효력이 없다. 또 바이러스는 종류에 따라 효과가 일정하지 않다. 결핵균에는 역성비누가 효과적이고 양성계면활성제는 효과가 없다.

(3) 요오드 화합물

매우 효과적인 살균제로서 세균, 아포, 바이러스 등에 강한 효과가 있다. 피부소독제로 흔히 사용되며, 냄새가 적고 부작용이 없으며 색에 의하여 농도를 알 수 있다. 요오드계는 거의 모든 미생물에 유효하다. 단 과민성 피부이거나 금속에 사용하면 안된다.

(4) 알코올류

무색 무취이며 휘발성이 강하고, 흔히 방부제로 사용되나 살균제로 사용되기도한다.

에탄올(에틸알코올)과 이소프로판올(이소프로필알코올)이 있으며 에탄올은 70%용액이 사용된다. 결핵균을 비롯하여 거의 모든 세균·바이러스·리케차에 유효하고 아포에는 효과가 없다.

(5) 가스상으로 작용하는 것

멸균제를 가스상태 또는 공기 중에 분무상태로 하여 미생물을 멸균시키는 방법으로 열이나 용액을 필요로 하지 않기 때문에 실내전체, 밀폐공간에서 미생물을 사멸시키는데 주로 사용된다. 포름알데히드와 산화에틸렌이 주로 사용된다. 포름알데히드 가스는 포르말린수를 가열하거나 포르말린수에 과망간산칼륨을 투입하여 얻는 것이며 병실의 훈증(燻症) 등에 이용된다.

(6) 석탄산

손을 소독하는 경우에는 3%, 기구 등을 소독할 경우에는 5%용액을 사용한다.

알코올을 섞으면 소독력이 약해지며, 식염이나 염산을 넣으면 소독력이 증가된다.

(7) 과산화수소

피부조직 내 생체촉매에 의해 분해되어 생성된 산소가 피부소독작용을 한다. 피부의 상처를 소독할 때 사용하는 과산화 수소는 2.5~3%를 포함하고 있다. 강한 산화력이 있는 반면, 침투성과 지속성이 약하다.

(8) 승홍수

강력한 살균력이 있어 물품이나 피부소독에는 0.1%용액사용, 매독성 질환에는 0.2% 용액을 사용한다. 독성이 강하고 금속을 부식시키므로 점막이나 금속기구를 소독하는데는 적당하지않다. 수용액을 만들때 염화칼륨또는 식염을 첨가하면 용액이 중성이되어 자극성이 완화된다.

(9) 생석회

생석회(석회죽石灰乳·하제석회-製石灰등)는 칼슘과 산소의 화합물로 값싸고 구입이 용이하기 하다. 물이나 습기찬 장소를 소독할 때나 분뇨, 토사물, 분뇨통, 쓰레기통, 하수도, 수조 등의 소독에 적당하다. 클로로석회의 5% 수용액은 우물 등의 소독에 이용된다.

7) 소독(Disinfection)의 구비조건

① 언제 어디서나 사용 할 수 있어야 한다.

② 경제적이고 사용방법이 간편해야 한다.

③ 소독의 효과가 있어야 한다.

④ 부식성, 표백성이 없고, 용해성이 높으며, 안전해야 한다.

⑤ 인체에 해를 주어서는 안된다.

K-BEAUTY WORKBO

3.
기초 메이크업 이론

1 메이크업 베이스 및 파운데이션 테크닉

1) 메이크업 베이스(Make up Base)

메이크업 베이스는 피부 전체 톤을 균일하게 맞춰주며 피부의 얼룩이 없도록 하고 파운데이션 바르기 전에 발라주어 파운데이션의 효과를 상승시키는 역할을 한다. 너무 많은 양을 바르면 파운데이션이 밀리고 들뜨거나 번들거리므로 전체적으로 적당량을 골고루 발라주어야 한다.

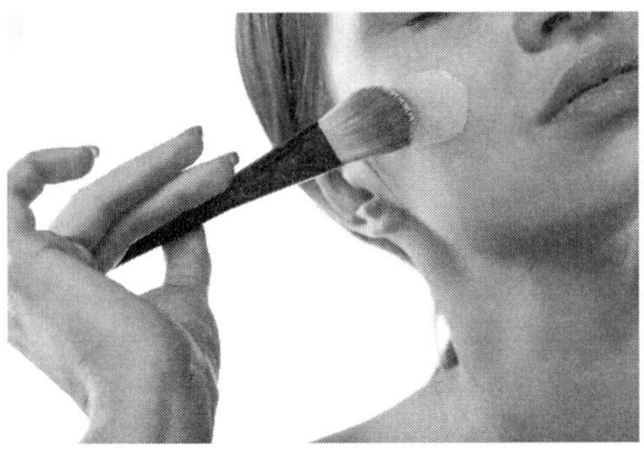

(1) 메이크업 베이스의 기능

① 파운데이션과 색조 화장품으로부터 피부를 보호

② 파운데이션의 퍼짐성과 밀착력을 좋게 하므로 지속력을 높여줌.

③ 피부색을 보완

④ 자외선으로부터 피부를 보호

⑤ 피부의 번들거림을 방지함

(2) 메이크업 베이스의 종류

① 리퀴드 타입: 일반적으로 가장 많이 사용하는 유형으로 가벼운 화장

을 할 때 사용

② 크림 타입: 피부를 두껍게 커버하고자 할 때 사용

③ 에센스 타입: 건조해지기 쉬운 피부에 보습성분을 줄 수 있으며 가을, 겨울에 적합

④ 컨트롤 타입: 촉촉하면서 커버력이 강하므로 잡티가 많은 피부에 적합

(3) 메이크업 베이스의 색상별 분류

① 그린: 붉은 피부 톤을 정리하고 잡티가 많은 피부에 적합

② 블루: 얼굴의 붉은 기를 중화시키고 피부를 희게 표현할 때 적합

③ 핑크: 혈색이 없고 창백한 피부에 적합

④ 보라: 노란 피부를 중화시켜 화사한 피부 표현에 적합

⑤ 흰: 피부색을 조절 없이 그대로 표현할 때 적합

⑥ 옐로: 까무잡잡한 피부를 중화시키는데 적합

⑦ 오렌지: 선텐 피부를 건강하게 표현할 때 적합

2) 프라이머(Primer)

매끈하고 투명한 도자기 같은 피부표현이 유행하면서 프라이머라는 언더 베이스가 등장하였다. 메이크업 베이스는 피부 색상을 컨트롤 하는 것이라면 프라이머는 피부의 결을 컨트롤하여 매끄러운 피부를 표현하는 것이다.

(1) 프라이머의 기능

① 실리콘오일이나 실리콘 유도체를 함유하고 있다.

② 피부의 모공과 잔주름 등으로 인한 미세한 굴곡을 잡아준다.

③ 과다한 피지의 분비를 막아 매끄러운 피부를 연출해 준다.

(2) 프라이머의 종류

① 젤 타입: 수분감이 많아 건성피부에 적합

② 로션 타입: 자외선차단기능이 있고 모든 피부에 적합

③ 실리콘 타입: 모공을 막는 기능이 탁월해 땀이나 피지분비가 많은 지성피부에 적합

④ 아이프라이머: 눈가 전용 프라이머로 눈 주위의 잔주름과 화장이 번지는 것을 막아주는 데 적합

3) 컨실러(Concealer)

잡티와 결점을 자연스럽게 커버해주어 화사하고 깨끗한 피부로 연출하며, 파운데이션 바르기 전이나 후에 두드리듯 펴 바른다.

(1) 컨실러의 기능

① 눈 밑 다크 서클, 기미, 주근깨 등 피부의 결점을 커버하다.

② 피부 톤 보다 1~2톤 밝은 것을 사용한다.

③ 파운데이션과 밀착력이 좋아 자연스럽게 커버한다.

(2) 컨실러의 종류

① 리퀴드 타입:수분함량이 많고 엷게 표현되므로 자연스러운 피부 표현에 적합

② 크림 타입:쉽게 퍼지고 유연하여 건성피부에 적합

③ 스틱 타입:커버력이 우수하여 붉은 반점이나 뾰루지 등을 커버하는데 사용하고 포토 및 영상, 무대 메이크업 시 사용하기에 적합

④ 펜슬 타입:결점 부위가 작고 결점의 강도가 강하여 그 부분만을 커버할 때 적합

4) 파운데이션(Foundation)

파운데이션은 피부톤과 질감을 조절하여 아름다운 피부표현을 한다.

(1) 파운데이션의 기능

① 피부색을 일정하게 조절해주고 자연스러운 피부를 표현한다.

② 피부의 결점을 커버하여 포인트 메이크업을 돋보이게 한다.

③ 얼굴의 윤곽을 수정하고 입체감을 연출한다.

④ 자외선이나 공해, 온도변화, 바람 등으로부터 피부를 보호한다.

(2) 파운데이션의 종류

① 무스 파운데이션:거품 타입으로 커버력이 약하며 베이스 화장을 거의 하지 않은 듯한 가벼운 느낌을 주는 제품이다.

② 리퀴드 파운데이션:수분함량이 많고 커버력이 약하다.

③ 크림 파운데이션:적당한 유분과 커버력이 있어 중년층과 유분이 많이 사용이 부드럽다.

④ 스킨 커버:잡티가 많아 완벽한 커버를 필요로 하는 경우에 사용한다. 커버력이 강한 만큼 피부에 부담감을 줄 수 있다.

⑤ 스틱 파운데이션:파우더 분말을 압축시킨 매트 한 타입의 파운데이션으로 휴대가 스피드한 메이크업에 적합하다.

⑥ 투웨이 케이크: 자외선 차단 및 커버력이 우수하고 스피드한 메이크업이 가능하다.

⑦ 팬케이크: 방수성과 지속력이 매우 우수하며 물과 함께 사용

(3) 파운데이션의 3컬러

① 베이스 컬러: 얼굴 전체에 펴 바르는 컬러로 모델의 피부색과 거의 같거나 한 단계 밝은 것을 선택한다(주로 귀 뒤나 목덜미에 컬러를 테스트한다.)

② 섀딩 컬러: 베이스 컬러보다 1~2단계 어두운 컬러로 각진 턱, 넓은 이마, 코의 측면 등에 사용하여 수축, 후퇴, 축소되어 보이는 효과를 준다.

③ 하이라이트 컬러: 베이스 컬러보다 1~2단계 밝은 컬러로 T존 부위, 눈 밑, 턱(입술 밑), 야윈 뺨 등에 사용하며 팽창과 전진, 확대 되어 보이는 효과를 준다.

5)메이크업 베이스 바르기

기초화장 후 피부 톤에 어울리는 메이크업 베이스를 적당량 덜어 이마, 양 볼에 펴 발라 피부 톤을 보정한다.

6)파운데이션 바르는 테크닉

① 파운데이션 묻히기: 이마, 양 볼에 파운데이션을 적당량 찍어 놓는다.

② 펴 바르기: 넓은 부위를 우선으로 안쪽에서 바깥쪽을 향해 슬라이딩 기법으로 골고루 바른다.

③ 턱 주변, 입술과 입술 주변 바르기:스펀지를 누르듯이 펴 바른다.

④ 코와 콧방울 주위 바르기:콧방울 양쪽 C커브를 세심히 바른다.

⑤ 잔머리 부분 바르기: 헤어라인 끝부분에 경계가 생기지 않게 잘 바른다.

⑥ 눈 주변 바르기: 쌍꺼풀 주변은 파운데이션이 잘 발라지지 않으므로 엄지를 이용해 눈을 들어 꼼꼼히 바른다.

⑦ 밀착감 높이기: 파운데이션을 잘 밀착시키기 위해 패팅(patting)기법으로 골고루 두드려 준다.

2 얼굴형에 맞는 윤곽수정 및 파우더

1) 페이스 파우더(Face Powder)

파우더는 파운데이션의 유분기 제거와 난반사 효과를 지니므로 파운데이션 위에 누르듯이 발라서 메이크업의 지속력을 더해준다.

(1) 파우더의 기능

① 파운데이션의 유분기를 제거하여 메이크업의 지속성을 높여준다.
② 포인트 메이크업을 돋보이게 한다.
③ 차분하고 자연스러운 피부색을 표현한다.
④ 난반사의 효과를 지니므로 자외선으로부터 피부를 보호한다.

(2) 파우더의 종류

① 콤팩트 파우더: 고형 파우더로 사용이 간편하여 외출 시 수정용으로 많이 사용

② 루즈 파우더: 파운데이션의 유분기를 제거하고 지속성을 유지시켜주며, 자외선 차단 효과가 있으며 자연스러운 피부표현에 사용

③ 펄 파우더: 펄이 섞인 제품으로 글로시나 쉬머 메이크업에 사용

④ 스타 파우더: 입자크기에 따라 다양하게 사용되며 펄 파우더 보다 더 화려한 분위기를 연출 할 때 부분적으로 사용

⑤ 피니시 파우더: 펄이 들어간 색색의 알갱이로 된 것이 많으며 메이크업의 마무리용으로 사용

(3) 파우더의 색상별 분류

① 투명 파우더: 자연스러운 피부표현 시 사용

② 그린 파우더: 피부의 붉은 기를 중화

③ 퍼플 파우더: 화사한 분위기를 연출하고 피부톤이 칙칙해 보일 때 사용

④ 핑크 파우더: 창백한 피부에 혈색을 부여하고 화사한 느낌을 줌

⑤ 오렌지색 파우더: 까무잡잡한 피부에 사용

⑥ 옐로우 파우더: 검은 피부를 중화시키기 적합

⑦ 화이트 파우더: 주로 하이라이트에 사용하며 분장 시에도 사용

2) 얼굴형에 따른 윤곽 수정

얼굴 형에 따른 하이라이트와 셰딩으로 수정·보완할 수 있다.

얼굴형	하이라이트	섀딩	윤곽 수정
계란형	T존 부위	헤어라인	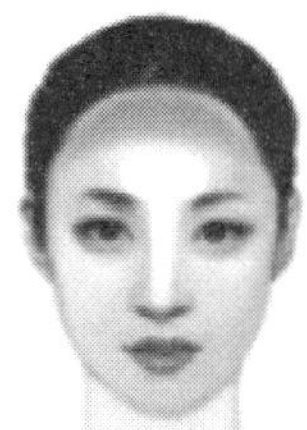
둥근형	T존 부위	양볼에 세로 방향	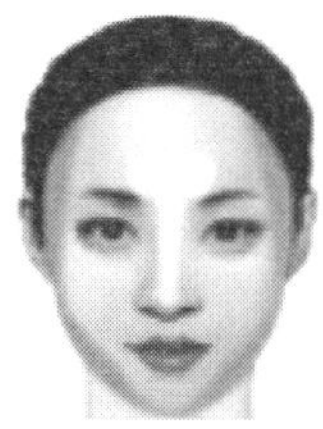
사각형	T존 부위	넓은 양 이마와 튀어나온 양턱	
긴형	양볼	이마와 턱끝	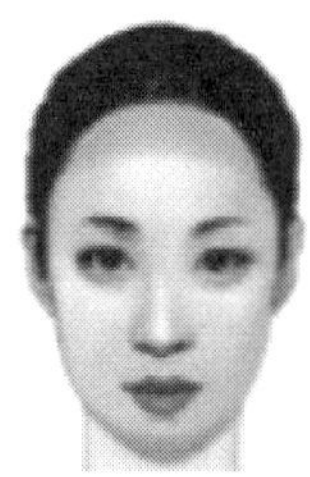
역삼각형	살이 없는 양볼	넓은 양 이마	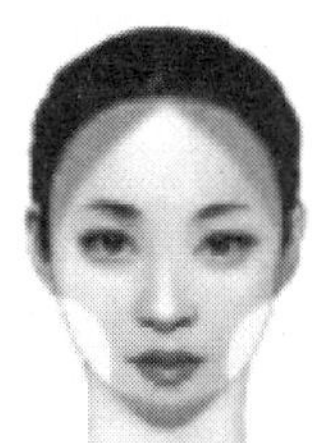
다이아몬드형	좁은 양 이마와 살이 없는 양볼	튀어나온 광대뼈와 뾰족한 턱끝	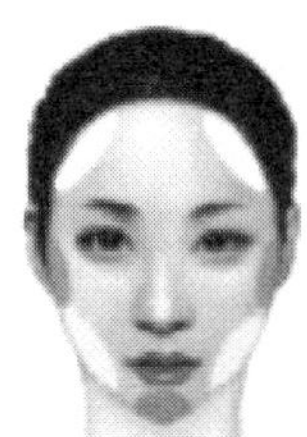

2) 파우더 바르는 방법

(1) 퍼프로 바를 때의 요령

① 퍼프 1개를 이용하여 용기 안의 파우더를 묻힌 다음, 또 다른 퍼프를 맞대어 가볍게 비벼주어 파우더 양을 조절한다.

② 피지 분비량이 많은 이마나 턱부터 시작하여 얼굴 외각부터 차츰 중심부로 가볍게 두드리며 발라준다.

③ 눈두덩, 눈꼬리, 눈 아랫부분, 코, 양옆 볼, 목과 턱의 경계까지 세심히 발라준다.

④ 얼굴에 남은 여분의 파우더를 팬 브러시로 털어낸다.

(2) 브러시를 이용하여 바를 때의 요령

① 파우더 브러시를 용기 안에 넣어 파우더를 충분히 묻힌다.

② 얼굴의 넓은 부위부터 골고루 발라주며 부분적인 부위는 중간 브러시를 사용하여 세심히 발라준다.

③ 팬 브러시로 여분의 파우더를 털어 주며 퍼프로 바를 때보다 더 자연스럽고 투명한 피부 톤으로 표현된다.

3 아이브로 메이크업

1) 기본형 눈썹 그리기

아이브로(Eyebrow)

사람들의 얼굴 중에서 눈썹은 사람의 인상을 좌우하는데 영향을 미칠 만큼 중요한 부분이다. 눈썹의 형태와 색상, 숱의 많고 적음, 길이에 따라 다양한 이미지를 줄 수 있다.

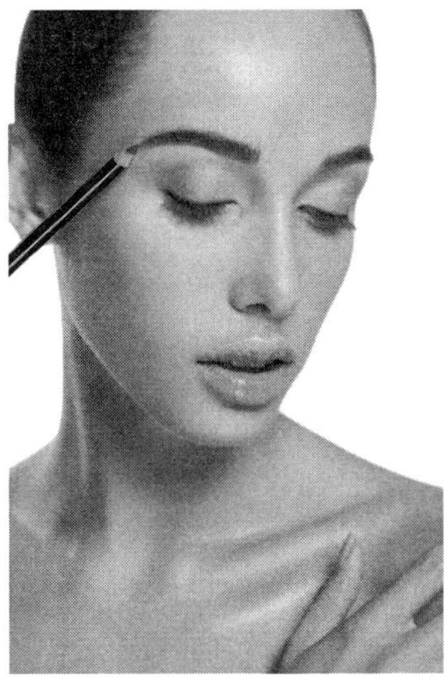

(1) 아이브로의 기능

① 얼굴형이나 눈매를 보완해 준다.

② 얼굴의 인상을 결정짓는다.

③ 이미지 변화와 개성을 표출한다.

(2) 아이브로의 종류

① 펜슬 타입: 휴대하기 간편하고 사용이 편리하지만 인위적이다.

② 케이크 타입: 브러시를 이용하여 자연스럽게 눈썹이 표현된다. 눈썹 숱이 많은 경우 빈 곳에만 채워주듯 마무리한다.

③ 에보니 타입: 섬세하며 지속력이 좋으며 사용 후 아이섀도를 덧발라 자연스럽게 마무리한다.

(3) 아이브로의 색상별 분류

① 블랙: 헤어컬러가 블랙이거나 피부가 흰 사람에게 어울린다.

② 그레이: 안정, 자연스러움, 침착하면서 시크해 보인다.

③ 브라운: 우아, 세련, 지적인 느낌

2) 얼굴의 균형

얼굴 각 부분들 간의 이상적인 비율을 얼굴의 균형도라고 하며, 이는 조화와 균형에 대한 미적 관심을 인간의 얼굴에도 적용한 레오나르도 다빈치에 의해 완성된 이론으로 현대에도 그대로 적용하고 있다. 가장 아름답고 균형 잡힌 얼굴을 정확히 파악하고 모델의 장점을 살리며 결점을 수정하고 보완하여 좀 더 개성 있는 얼굴로 연출하는데 도움을 준다.

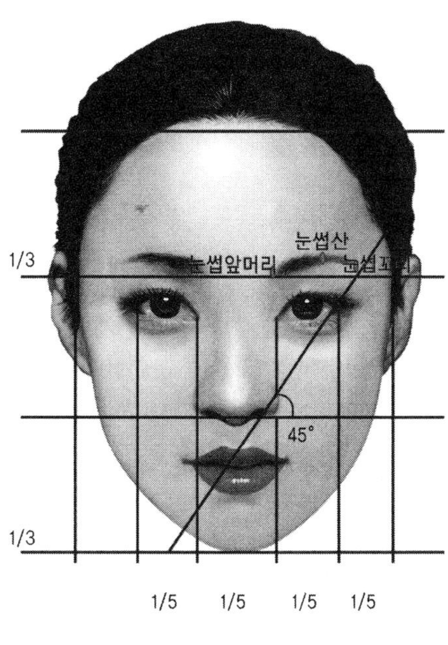

(1) 가로분할(3등분)

얼굴 정면을 가로로 분할하면 헤어라인에서 눈썹까지, 눈썹에서 콧방울까지

(2) 세로분할(5등분)

얼굴 정면을 세로로 분할하면 헤어라인에서 눈꼬리까지, 눈꼬리에서 눈 앞머리까지, 눈 앞머리에서 반대 눈앞머리까지, 눈앞머리에서 눈꼬리

(3) 세부적인 위치

① 눈썹의 위치: 이상적인 눈썹의 위치는 이마에서 1/3되는 지점

② 눈썹의 길이: 콧방울에서 수직으로 올린 눈썹 앞머리와 45°각도로 올린 눈썹 꼬리를 연결한 길이

③ 눈머리의 위치: 콧방울에서 수직으로 올린 선과 만나는 점

④ 눈과 눈 사이의 길이: 눈의 가로길이와 같다.

⑤ 콧방울의 위치: 이마의 2/3되는 지점에 위치

⑥ 콧방울의 넓이: 입술넓이의 약 1/2정도의 크기가 적당

⑦ 입술: 정면을 바라보고 눈동자 안쪽선의 연장선과 만나는 지점

3) 기본형 눈썹 그리는 방법

① 눈썹을 그리기 전 눈썹이 난 방향대로 브러시로 쓸어서 정리한 다음 모발색, 눈동자색에 맞춰 아이섀도 색에 맞춰 선택한다.

② 눈썹 앞머리는 콧방울을 지나 수직으로 올려 만나는 곳에 위치하도록 정한다.

③ 눈썹 산의 위치는 눈썹 길이를 3등분했을 경우 눈썹 길이의 2/3 지점에 위치한다.

④ 눈썹 길이는 콧방울과 눈꼬리를 지나 45°의 각도로 연결해서 연장했을 때 만나는 지점에 정한다.

⑤ 눈썹 길이는 눈 길이보다 길게 그린다.

⑥ 눈썹 앞머리와 눈썹 꼬리는 일직선상에 위치하여야 한다.

⑦ 눈썹 앞머리는 자연스럽게 하며 눈썹 꼬리 쪽으로 갈수록 진하게 그린다.

4) 얼굴형에 따른 눈썹형

(1) 기본형

가장 무난하며 눈썹 산이 너무 각지지도, 둥글지도 않은 형태로 모든 얼굴형에 잘 어울린다.

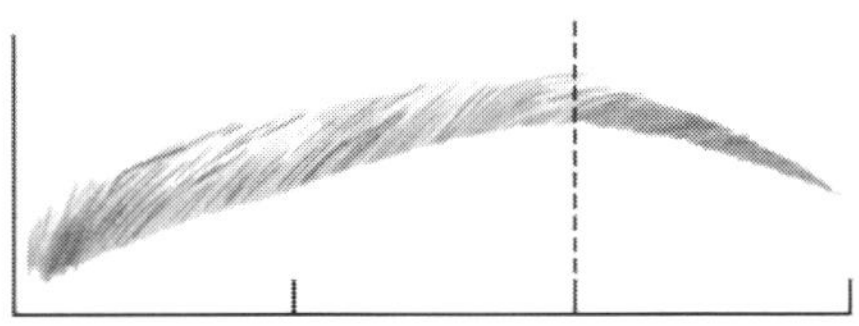

(2) 일자형

눈썹머리와 눈썹꼬리가 거의 수평에 가까우며 긴 얼굴에 어울린다.

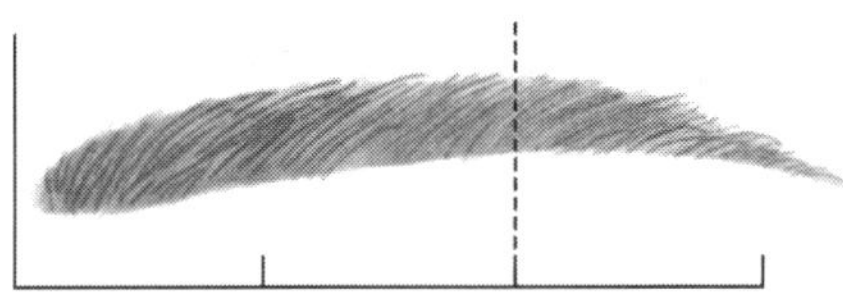

(

3) 상승형

개성있고 동적이며 경쾌한 느낌으로 둥근 얼굴이나 삼각형 얼굴에 잘 어울린다.

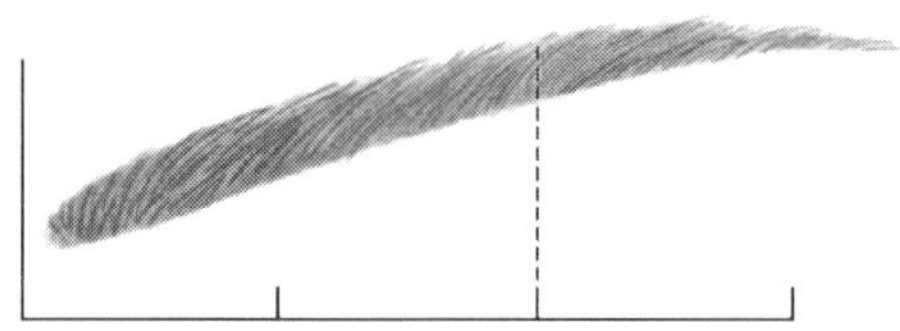

(4) 아치형

여성적이며 우아한 느낌을 주며 각진 얼굴에 잘 어울린다.

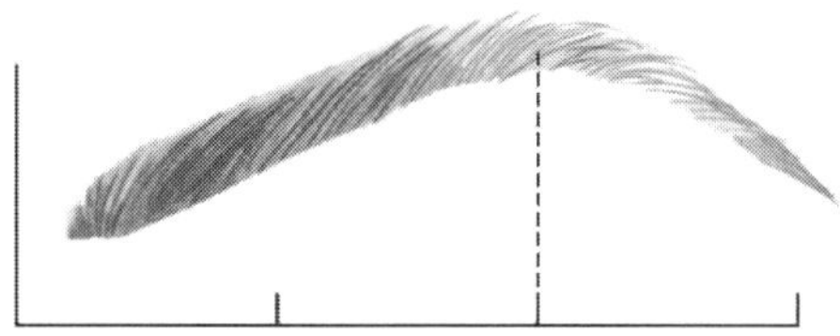

(5) 각진형

지적이며 단정하며 현대적인 느낌으로 둥근형 얼굴에 잘 어울린다.

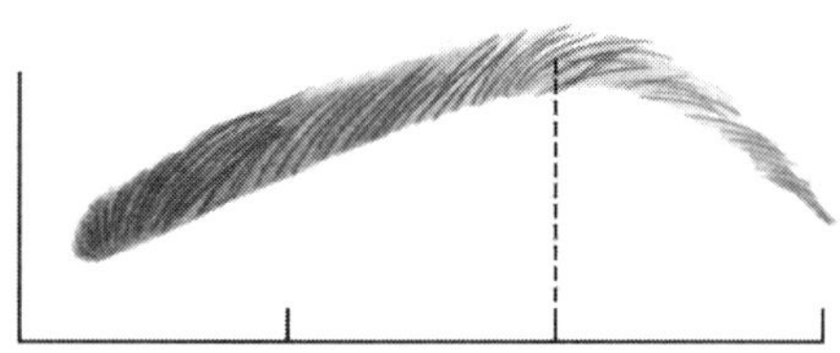

5) 눈썹 수정 방법

(1)눈썹 수정 방법

① 아이 스크루 브러시를 이용하여 눈썹 털을 가지런히 정리한다.

② 머리속으로 모델의 얼굴형에 맞는 원하는 눈썹 형을 그린다.

③ 눈썹 밑에 나있는 불필요한 부분을 수정가위로 잘라낸다.

④ 불필요한 부분을 눈썹칼로 밀어 버린다.

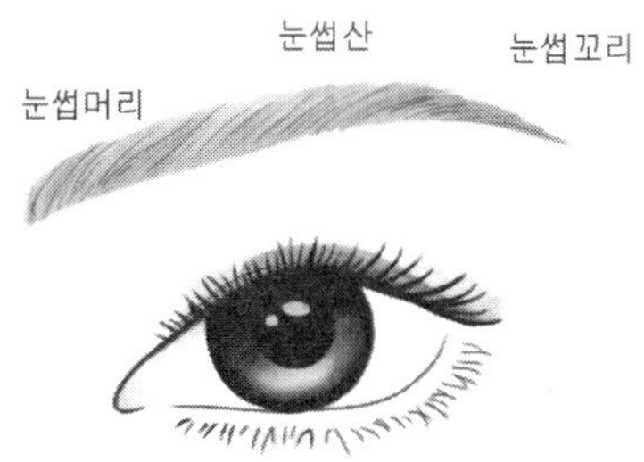

4 아이섀도

1) 아이섀도(Eye shadow)

얼굴 부위 중 메이크업의 색상과 질감 표현이 가장 자유스럽게 연출되는 부위이며 개성을 가장 잘 나타낼 수 있는 곳이기도 하다. 아이섀도를 사용할 때는 피부색과 눈동자색 뿐만 아니라 의상의 색상, 헤어스타일 등 이미지에 맞게 사용하는 것이 좋다.

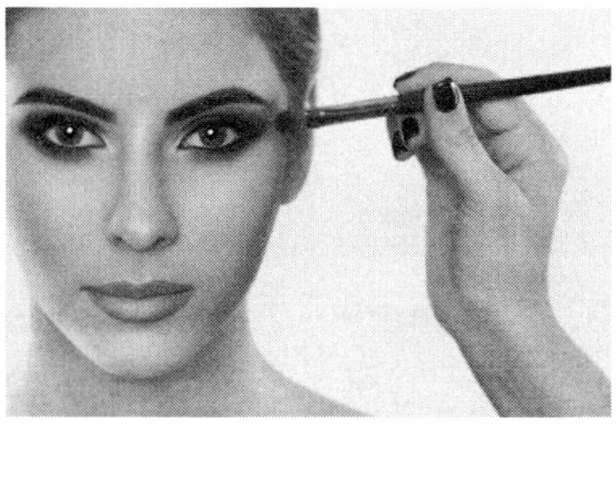

(1) 아이섀도의 목적

① 눈에 색감과 음영을 주어 입체감을 강조해 준다.

② 자유로운 색의 표현으로 다양한 분위기를 연출한다.

③ 색의 대비효과를 눈에 나타내어 표정 있는 눈매를 연출한다.

④ 눈매의 수정 역할을 한다.

(2) 아이섀도의 종류

① 케이크 타입: 가장 일반적으로 피부에 밀착감이 우수하며 그라데이션이 용이하다. 색을 혼합하기 좋고 색상이 매우 다양하다.

② 크림 타입: 유분이 함유된 타입으로 잘 펴지고 장시간 메이크업 시 사용된다. 발색도 선명하고 지속력도 좋지만 뭉칠 우려가 있다.

③ 파우더 타입: 가루제품으로 요즘에는 펄이 섞인 제품이 유행하고 있으며 주로 하이라이트용으로 사용된다.

④ 펜슬 타입: 손쉽게 메이크업하고자 할 때 효과적이다. 발색력이 우수하고 휴대가 간편하나 뭉칠우려가 있다.

(3) 아이섀도의 색상별 분류

① 핑크계열: 소녀다움과 어려보이는 느낌이 강조되며, 흰 피부에 적합

② 오렌지계열: 따뜻한 느낌을 주고 밝고 경쾌하고 건강한 이미지를 준다.

③ 블루계열: 시원하고 차가운 느낌을 주며 젊고 깨끗한 이미지를 준다.

④ 그린계열: 젊고 생기 있어 보이며 신선한 느낌을 준다.

⑤ 바이올렛계열: 귀족적이며 우아한 여성미가 강조되고 흰 피부에 어울린다.

⑥ 브라운계열: 입체감을 살리는데 사용되며 자연스럽고 차분한 느낌의 색으로 어느 피부에나 적합하다.

⑦ 회색 계열: 흰 피부에 잘 어울리고 시크한 느낌을 준다. 스모키 메이크업에 주로 사용된다.

2) 아이섀도 기본 컬러

(1) 베이스 컬러

눈 전체에 도포하는 컬러로 포인트 컬러를 돋보이게 한다.

(2) 메인 컬러

눈매의 이미지를 결정하는 색으로 눈을 떴을 때 보이도록 하고 계절, 취향, 의상에 맞추어 컬러를 결정된다.

(3) 포인트 컬러

선명한 눈매를 표현하기 위해 짙은 계열로 쌍꺼풀 라인을 중심으로 바른다.

(4) 언더 컬러

메인 컬러 또는 포인트 컬러와 동일한 색으로 눈 밑에 표현한다.

(5) 하이라이트 컬러

아이섀도 색상 중 가장 밝은 명도로 어떤 부위의 돌출과 넓어 보이고자 하는 부위에 사용하고 눈썹 뼈 부위나 눈동자 중앙에 사용한다.

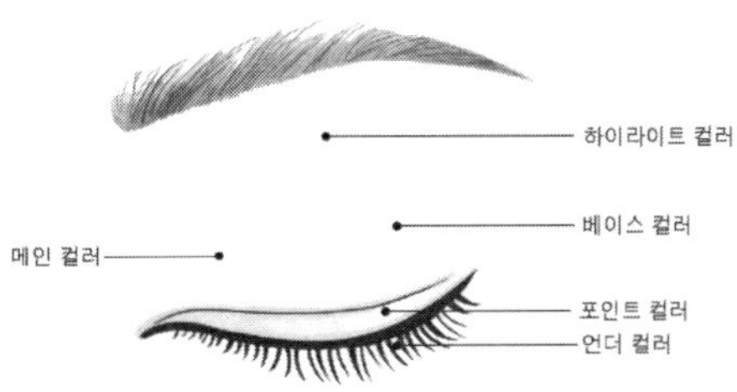

3) 아이섀도 포인트에 따른 이미지

(1) 눈 앞머리 포인트

양미간이 넓은 사람이나 올라간 눈에 효과적이다. 평면적인 인상을 준다.

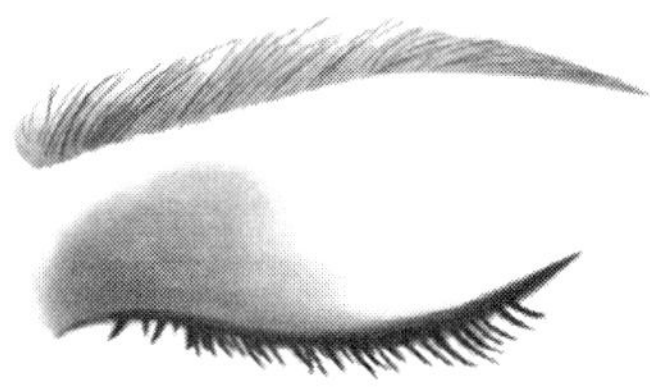

(2) 눈 중앙 포인트

검은 눈동자를 기준으로 그 이쪽에 포인트를 주는 방법으로 눈이 크고 둥글게 보인다. 눈매가 날카로운 사람에게 어울린다.

(3) 눈꼬리 포인트

눈을 좀 더 깊이 있고 길어보이게 한다. 눈꼬리를 끌어올리듯이 시선처리 하면 세련된 표현이 되고 눈꼬리를 감싸듯이 부드럽게 퍼진 듯 처리하면 온화하고 부드러운 표현이 된다.

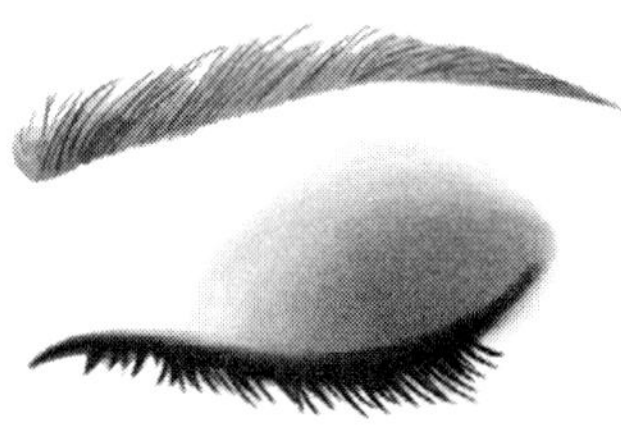

(4) 일직선 포인트

눈의 쌍꺼풀 부분에 일직선으로 포인트를 주는 방법으로 원 포인트 메이크업과 내추럴 메이크업에서 많이 사용한다.

(5) 아이홀 포인트

눈이 그윽하고 깊이 있어 보이며 시대 메이크업이나 무대 메이크업에 많이 쓰인다.

5 아이라이너(Eye Liner)

1) 아이라이너

아이라이너는 선의 길이와 두께로 눈매를 변화시키는 역할을 하는데 속눈썹 라인을 따라 원하는 두께의 선을 그린다.

(1) 아이라이너의 목적

① 눈매를 보다 선명하고, 또렷하게 연출해 준다.

② 눈 모양을 수정보완효과가 있다.

③ 속눈썹을 길어 보이게 한다.(마스카라의 효과 상승)

(2) 아이라이너의 종류

① 펜슬 타입: 그리기 쉬워 초보자에게 적합하고 자연스러운 메이크업을 할 때 사용된다. 수정이 용이하나 정교한 라인 연출이 어렵고 지속력이 떨어지며 쉽게 지워지거나 잘 번지다.

② 리퀴드 타입: 번짐 없이 섬세한 눈매를 만들 수 있고, 내수성, 방수성이 강하다.일단 그리고 나면 수정이 어렵고, 강하게 표현되며 고도의 테크닉이 요구된다.

③ 케이크 타입: 물에 섞어 그리는 것으로 선명하고 번들거림이 없으며 잘 번지지 않는다.

④ 젤 타입: 크림 타입으로 브러시를 이용하여 쉽게 눈매를 연출 할 수 있다. 건조가 빠르고 번지지 않으며, 내수성이 있어 지속력이 좋다.

⑤ 아이섀도 타입: 가장 자연스럽게 표현되고 브라운, 블랙 등 다양한 컬러로 라인을 연출 할 수있다.

2) 마스카라(Mascara)

마스카라는 속눈썹을 더욱 길고 풍성하게 만들어 또렷한 눈매를 연출해 준다. 요즘은 다양한 기능과 색상의 제품이 출시되고 있다.

(1) 마스카라의 목적

① 속눈썹이 길고 진하며 풍성하게 보인다.

② 눈이 크고 깊은 눈매를 연출한다.

(2) 마스카라의 종류

① 컬링 마스카라: 부착력과 강도가 뛰어나고 속눈썹을 올려주는 효과가 뛰어나다.

② 볼륨 마스카라: 속눈썹을 더욱 풍성하게 해주므로 숱이 적은 사람에게 효과가 있다.

③ 롱래시 마스카라: 섬유질이 들어 있어 속눈썹이 길어 보이는 효과가 있다.

④ 워터프루프 마스카라: 건조가 빠르고 내수성이 좋아 여름철이나 눈주위가 쉽게 번지는 사람이 사용하면 효과적이다.

(3) 마스카라의 색상별 분류

① 블랙: 선명하고 깊은 눈매를 연출하며 가장 많이 쓰는 색이다.

② 브라운:이미지가 강한 눈을 부드러운 눈매로 연출할 때 사용한다.

③ 블루: 아이섀도와 매치해서 사용하면 눈이 시원해 보이며 여름철에 많이 사용한다.

④ 바이올렛:우아하고 화려한 여성미를 나타낼 때 아이섀도와 매치해서 사용한다.

⑤ 투명: 속눈썹이 많은 사람에게 정리 정돈시키는 목적으로 사용한다.

3) 아이라인 그리는 방법

① 눈을 뜨고 앞을 보게 하여 눈꺼풀의 위치를 확인한다.

② 모델의 시선은 무릎을 보게 한 뒤 눈 모양을 따라 중간 → 눈꼬리를 향해 그려준다.

③ 눈 앞머리 → 중앙 → 꼬리를 향해 그리면서 덜 그려진 부분을 메운 다음 3/4 지점을 지나면서 1~2mm 끌어올리면서 본래의 길이보다

1~2mm 길게 그린다.

④ 내추럴한 느낌의 아이라인을 그리고자 할 때는 속눈썹 사이를 채우는 방법으로 그려주면 자연스럽고 은은하다.

4) 눈 형태에 따른 아이라인 기법

(1) 쌍꺼풀 눈

눈매를 최대한 속눈썹에 가까이 가늘게 그린다.

(2) 쌍꺼풀이 없는 눈

눈을 떴을 때 살짝 라인이 보이도록 두껍게 그린다.

(3) 처진 눈

눈 앞머리는 자연스럽게 그리다 눈꼬리로 갈수록 치켜 올려 그린다.

(4) 올라간 눈

눈 앞머리는 두껍게 그리고 눈꼬리 부분은 얇고 처지게 그리면서 언더라인은 눈 앞머리와 수평이 되도록 짙게 그린다.

(5) 움푹 들어간 눈

아이라인을 자연스럽게 그리되 눈꼬리 부분을 약간 올려서 그린다.

(6) 부은 눈

눈 앞머리부터 눈꼬리까지 전체적으로 라인을 그리되 윗 라인의 눈꼬리와 언더라인을 약간 진하고 굵게 그린다.

(7) 작은 눈

위아래 라인이 눈꼬리에서 만나면 눈길이가 더욱 짧아보이므로 만나지 않게 직선으로 빼주듯 그리면 훨씬 커 보인다.

(8) 크고 둥근 눈

아이라인의 중간 부분은 생략하고 눈앞머리와 눈꼬리 부분만 그린다.

5) 아이래시 컬

[아이래시 컬 사용법]

① 모델의 시선은 무릎을 보게 한 뒤 속 눈썹에 아이래쉬 컬을 갖다 댄다.

② 눈꺼풀을 집히지 않도록 하여 속눈썹 뿌리 → 눈썹 중간 부분 → 끝 부분을 지그시 끝을 향해 눌러준다.

6) 마스카라

[마스카라 바르는 방법]

① 모델의 시선을 무릎을 보게 한 후 양끝을 쳐다보게 한 후 손가락을 눈두덩이 부분에 대고 살짝 끌어 올려준다.

② 눈을 내려 본 상태에서 눈썹 위에서 아래방향으로 3~4회 쓸어준다.

③ 눈을 내려 본 상태에서 아래에서 위를 향해 올려준다.

④ 아래 속눈썹은 좌우로 3~4회 쓸어준 뒤 브러시 끝을 세로로 세워 눈썹결을 따라 바른다.

⑤ 마스카라가 뭉치거나 엉켜있을 경우 속눈썹용 브러시로 한 올, 한 올 풀어준다.

7) 인조 속눈썹(False Eye Lashes)

[속눈썹 붙이는 방법]

① 인조 속눈썹을 길이에 맞추어 자른 후 말굽 모양으로 구부려 탄력 있게 한 뒤 눈꺼풀 곡선에 잘 맞게 한다.

② 아이래시 컬을 한 후 아이라인을 한 번 그린다.

③ 속눈썹에 눈썹 접착제를 바른다.

④ 눈 앞머리에서 5mm 떨어져서 속눈썹과 가깝도록 붙인다.

⑤ 눈꼬리 부분은 아이라인의 형태에 맞추어 붙인다.

⑥ 눈을 반쯤 감은 상태에서 스틱이나 면봉으로 지긋이 눌러준다.

⑦ 접착제 자국이 보이지 않도록 다시 한 번 아이라인을 수정하여 그린다.

⑧ 마스카라를 발라 인조 속눈썹과 속눈썹이 이어지도록 한다.

⑨ 완성된 모습

6 립 메이크업

1) 립 메이크업(Lip Make up)

립 메이크업은 이미지를 결정하는 데 중요한 부분 중 하나로 색이나 질감, 형태, 그리는 방법에 따라 여러 가지 이미지를 연출할 수 있다. 피부, 아이섀도, 의상을 충분히 고려하여 조화로운 립 색상을 선택한다.

(1) 립 메이크업의 목적

① 입술 모양을 수정 보완한다.

② 색상을 이용하여 음영을 강조하여 입체감을 준다.

③ 립스틱, 립글로스, 립밤 등의 제품이 있고 외부의 자극으로부터 입술을 보호한다.

(2) 립 메이크업의 종류

① 립스틱: 스틱상태로 가장 일반적인 제품으로 사용이 편리하고 색상과 질감이 다양하다. 발색력이 뛰어나므로 립 브러시를 이용하여 입술 모양을 수정한다.

② 립글로스: 입술을 촉촉하고 윤기 있게 해주는 역할을 하며, 립스틱 위에 덧발라 윤기 있는 느낌을 주며, 은은한 메이크업을 원할 때는 립글로스만 바른다.

③ 립 라이너: 펜슬 형태로 입술 선을 선명하게 해주고 수정 시 사용한다. 립 메이크업이 번지지 않게 오래 지속시켜준다.

④ 립밤: 바세린 성분이 많이 들어있어 입술 케어용으로 사용되고 있다.

⑤ 립 브러시: 샤프처럼 누르면 점액이 나오는 형태로 사용감이 부드럽고 휴대가 간편하지만 번지기 쉽고 지속력이 떨어진다.

(3) 립 메이크업의 색상별 분류

① 핑크계열: 귀여움, 여성미, 청순미 강조

② 레드계열: 강렬하고, 정열적이고 화려함 강조

③ 오렌지계열: 건강하고 발랄함 강조

④ 브라운계열: 차분하고 자연스러움 강조

⑤ 퍼플계열: 우아하고 품위 있으며 여성미 강조

2) 립 메이크업의 방법

① 파운데이션과 파우더로 입술을 커버한 후 입술 모양과 색을 정한 후 입술산을 그린다.

② 아랫입술 중앙에 라인을 그린다.

③ 모델에게 "아"하게 해서 양쪽 구각을 그린다.

④ 입술산과 구각에 맞추어 좌우를 연결한다.

⑤ 아랫입술 중앙선과 구각에 맞추어 좌우를 연결한다.

⑥ 브러시에 립스틱을 충분히 묻혀 납작하게 만든 후 브러시와 입술이

수평이 되도록 한 후 입술 전체에 펴 바른다.

3) 립 라인에 따른 이미지 변화

피부색에 따른 립 색상 선택요령

(1) 흰 피부인 경우

흰 피부는 밝고 화사해서 어떤 색의 메이크업과도 잘 어울리지만 혈색이 없어 보일 수 있으므로 주의해야 한다. 핑크, 보라, 레드계열이 잘 어울린다.

(2) 노란 피부일 경우

노란 피부는 동양인에게 많이 볼 수 있는 피부색으로 립 라인을 선명히 그려서 생기 있게 연출해야 한다. 밝은 레드, 와인계열이 잘 어울린다.

(3) 붉은 기가 있는 피부일 경우

붉은 기가 있는 피부는 자칫 화장이 떠 보이고 흐트러져 보일 수 있으므로 피부표현에 신경을 써야 한다. 퍼플, 누드, 은은한 파스텔계열이 잘 어울린다.

(4) 검은 피부일 경우

검은 피부는 건강미가 넘쳐 보이며 차가운 색보다 따뜻한 색이 더 잘 어울린다. 오렌지, 다크브라운, 벽돌색 등이 무난하다.

(5) 얼굴에 잡티가 많은 경우

잡티가 많은 피부는 선명한 색을 바름으로써 시선이 입술로 모여 깨끗한 느낌의 피부를 표현한다. 다크레드, 다크브라운, 마젠타, 와인계열이 잘 어울린다.

4) 립 라인에 따른 이미지 변화

(1) 직선형(Straight Curve)

활동적이고 현대적인 느낌의 선으로 샤프하고 지적인 느낌을 준다.

(2) 인커브(In Curve)

안쪽을 향한 커브로 귀엽고, 발랄하며 여성스러운 이미지를 준다.

(3) 아웃커브(Out Curve)

바깥쪽을 향한 커브로 부드럽고 원만하며 성숙하고 섹시한 이미지를 준다.

5) 블러셔 메이크업

블러셔(Blusher)
블러셔는 건강하고 화사한 이미지를 결정하는데 중요한 역할을 하며, 색상 선택은 아이섀도, 립 메이크업에 맞춘다.

6) 블러셔의 목적

① 얼굴형에 맞게 수정하여 개성있게 연출한다.

② 혈색을 주어서 건강하고 여성스러움을 강조한다.

③ 윤곽에 음영을 주어 입체감 있는 얼굴을 표현한다.

(2) 블러셔의 종류

① 케이크 타입: 파우더 압축형태로 색감 표현이 용이하고 혈색을 나타내거나 윤곽을 수정할 때 사용된다. 파우더 처리 후 브러시를 이용해서 터치한다.

② 크림 타입: 유분기가 있는 상태로 파우더를 바르기 전에 사용해 준다. 스펀지로 경계를 풀어준다.

(3) 블러셔의 색상별 분류

① 핑크계열: 귀여움, 여성미, 청순미 강조

② 레드계열: 강렬하고 정열적, 화려함 강조

③ 오렌지계열: 건강하고 발랄함 강조

④ 브라운계열: 차분하고 자연스러우면서 세련미 강조

⑤ 퍼플계열: 우아하고 품위있어 보이며 여성미 강조

7) 블러셔의 기본 위치

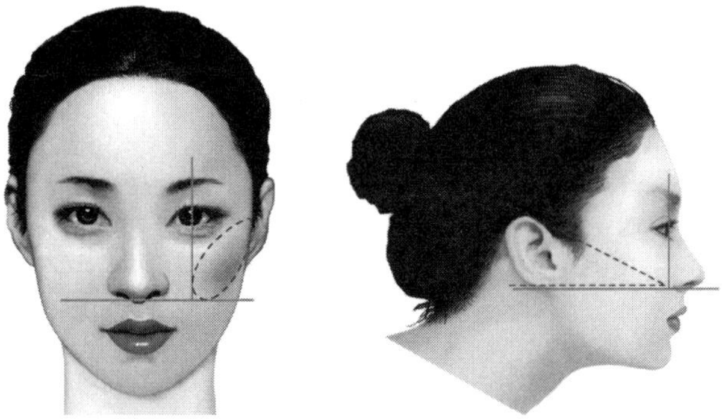

8) 블러셔의 방향에 따른 이미지 변화

① 블러셔의 방향1: 볼 쪽으로 모양이 둥글수록 큐트한 이미지

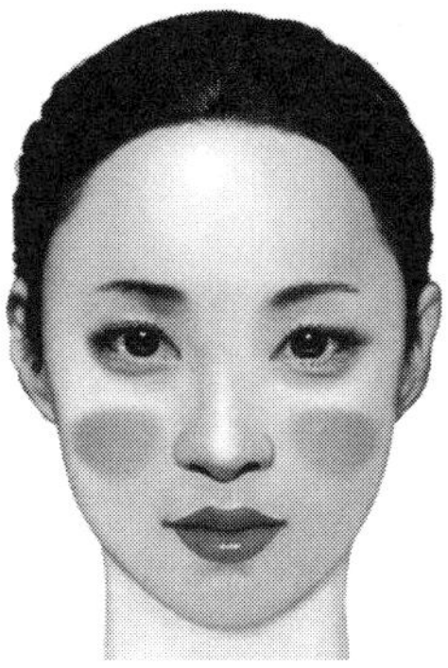

② 블러셔의 방향2: 생기발랄하고 활동적 이미지가 느껴진다.

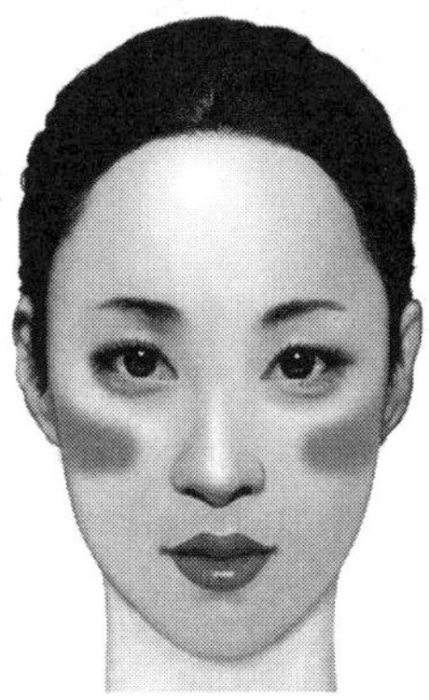

③ 블러셔의 방향3: 뺨의 뒤쪽으로 갈수록 여성미가 느껴진다.

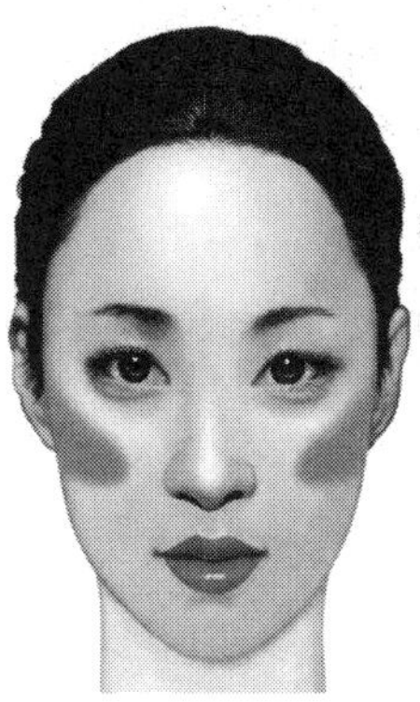

④ 블러셔의 방향4: 샤프하고 지적인 이미지가 느껴진다.

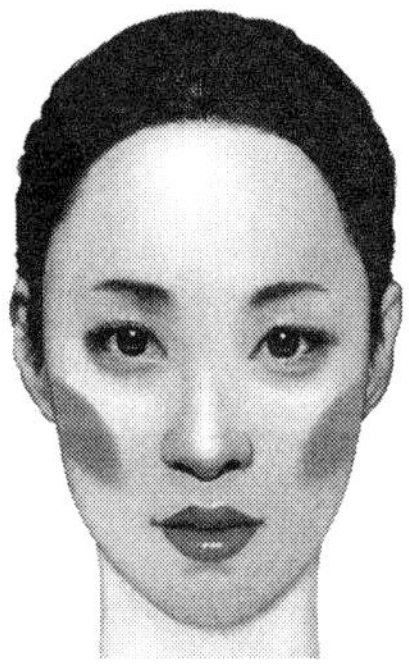

9) 얼굴형에 따른 블러셔 위치

① 둥근형: 입 꼬리를 향해서

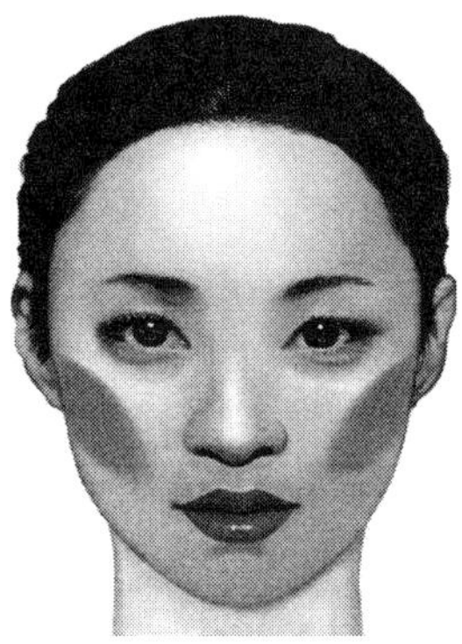

② 긴형: 눈 앞머리를 향해서

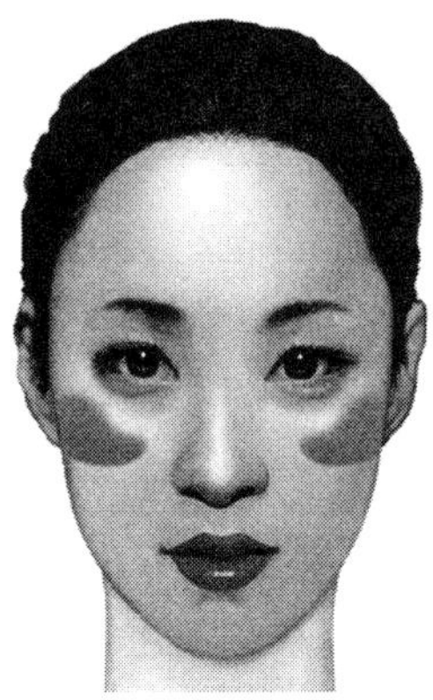

③ 역삼각형: 코끝을 향해서

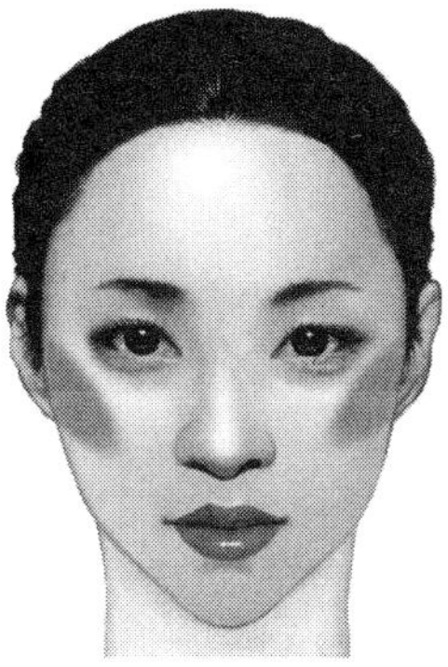

④ 사각형: 둥근 느낌으로 턱 끝을 향해서

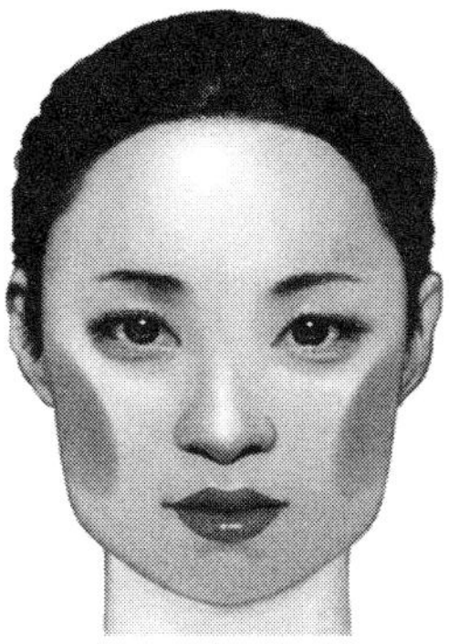

⑤ 다이아몬드형: 둥근 느낌으로 광대뼈 부위를 감싸듯이

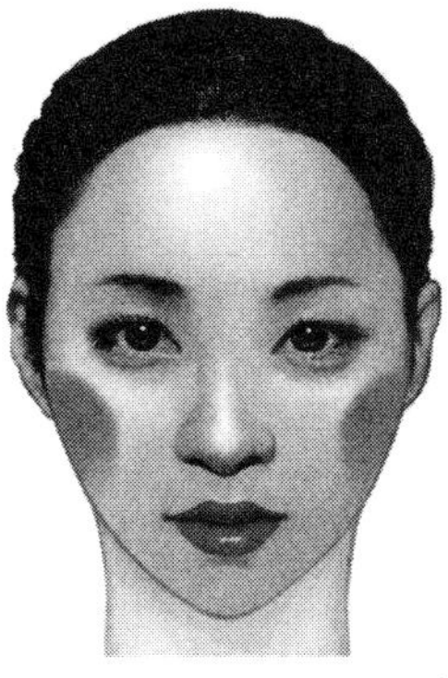

10) 립 메이크업과 블러셔 메이크업

① 원하는 립 색상을 전체적으로 펴 바른다.

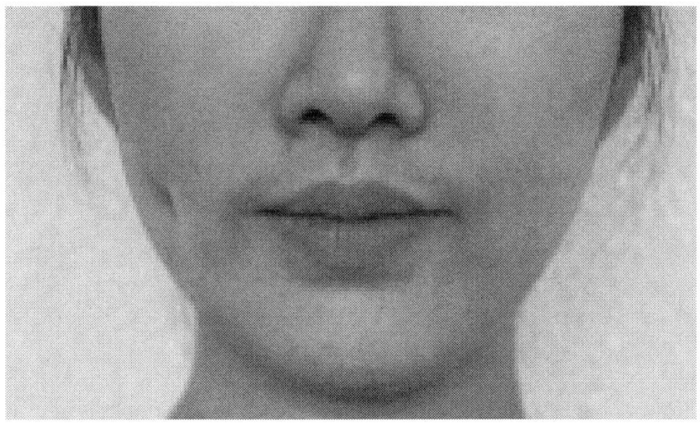

② 입술 안쪽으로 음영을 준다.

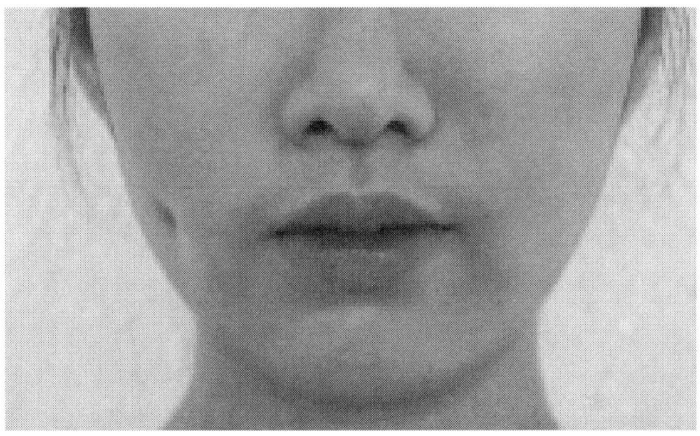

③ 립글로스를 바른다.

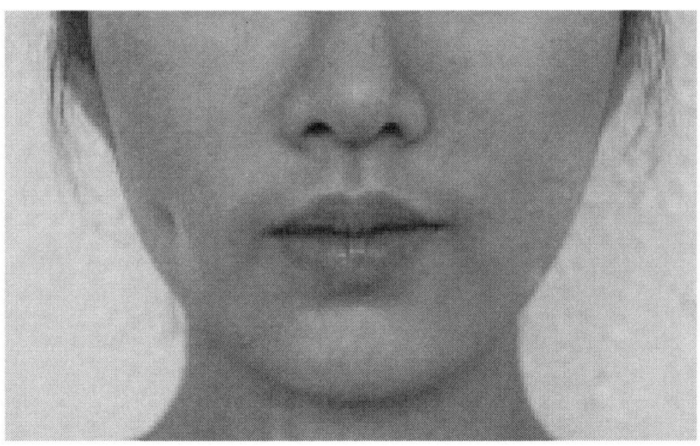

④ 이미지에 맞게 블러셔를 바른다.

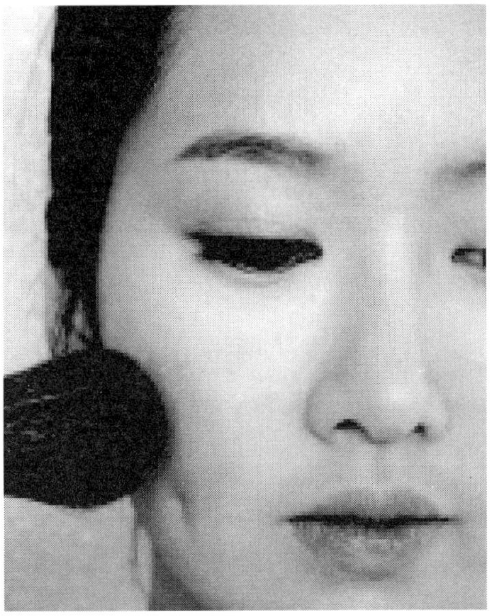

K-BEAUTY

WORKBO

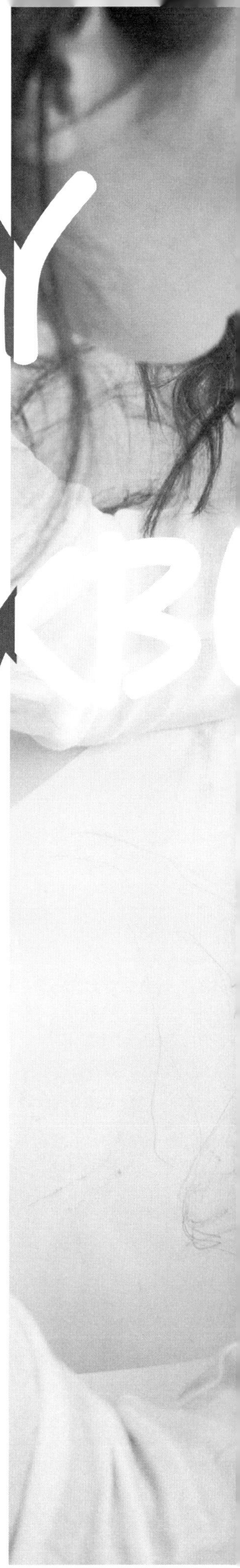

4.
뷰티 일러스트 실습

OK

1 일러스트 실습

1) 눈썹 그리기

기본형

기본형

기본형

기본형

기본형

아치형

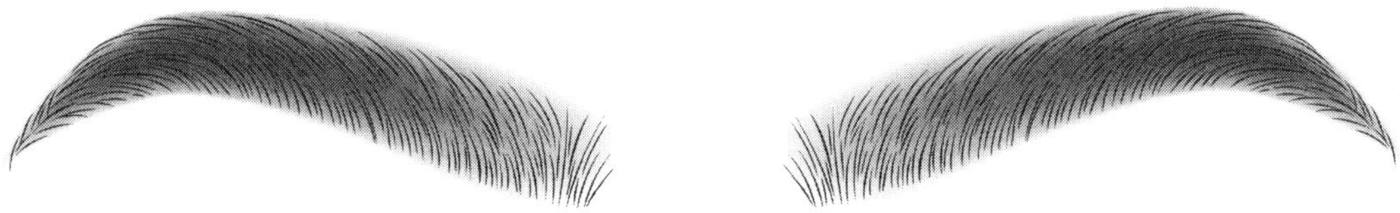

아치형

아치형

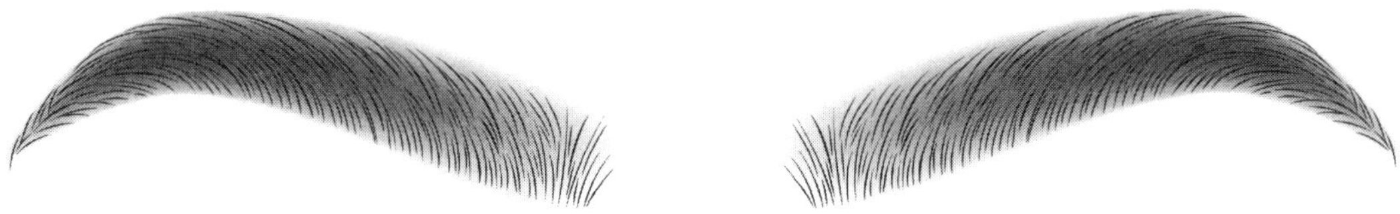

아치형

아치형

각진형

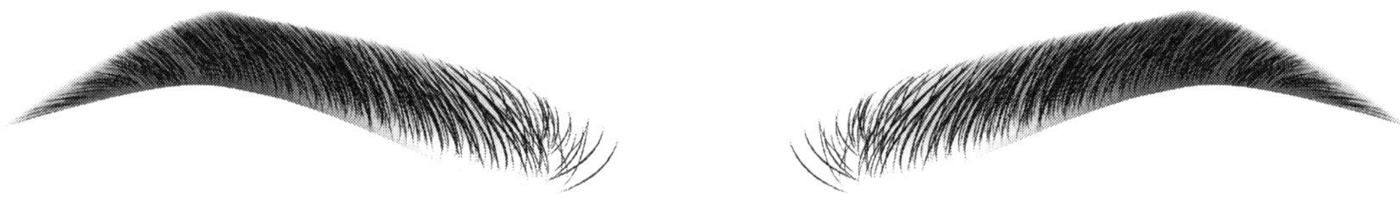

각진형

각진형

각진형

각진형

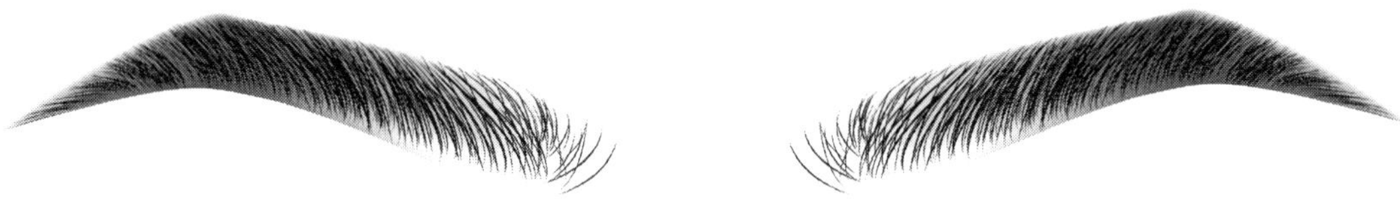

일자형

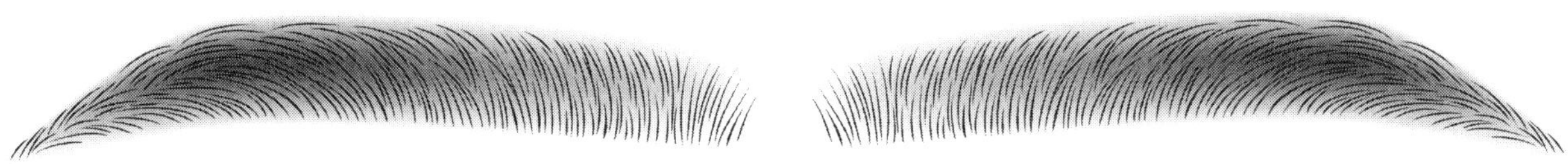

일자형

일자형

일자형

일자형

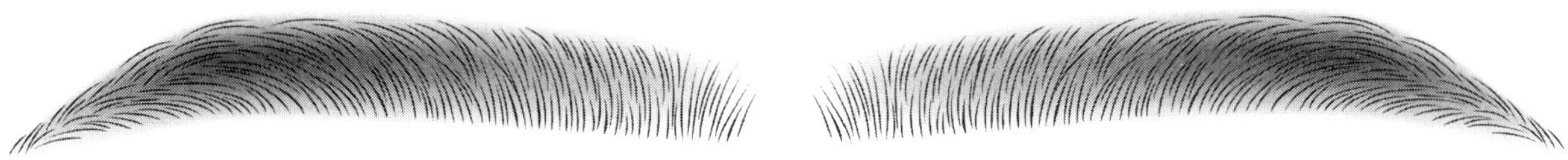

일자형

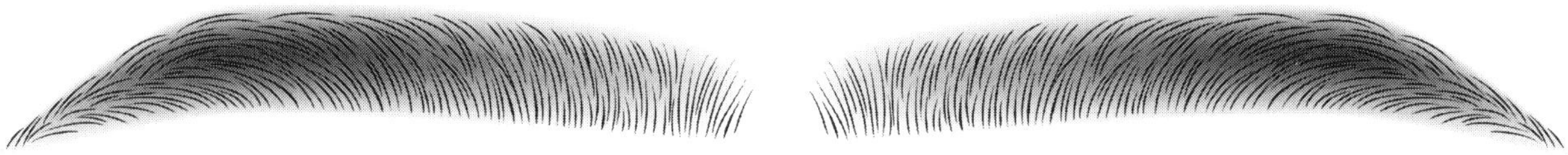

2) 눈 그리기

눈은 얼굴의 표정에 있어서 감정을 표현하는 중요한 부위이다. 눈동자의 검정 부분과 하이라이트를 잘 이용하여 그린다.

정면

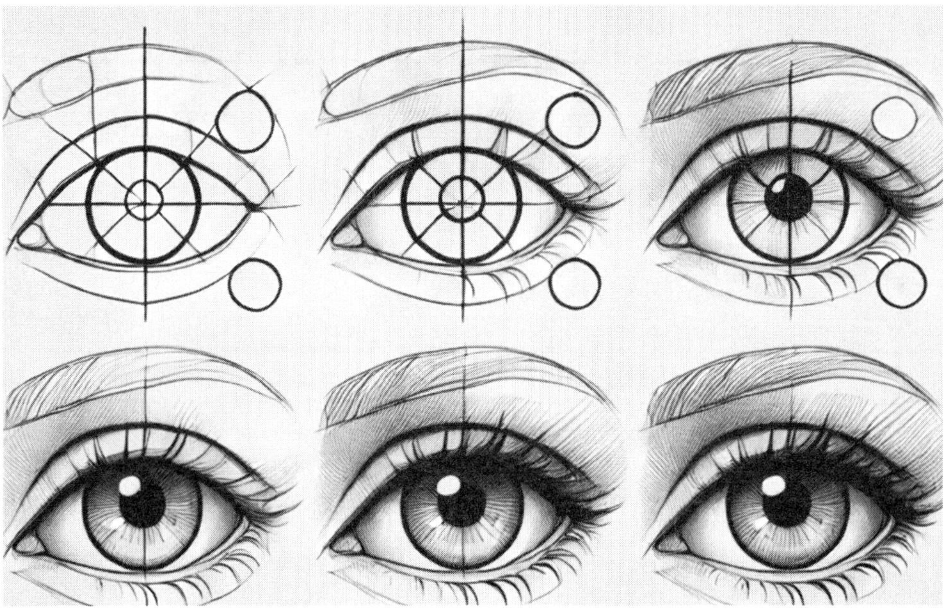

· 눈 그리는 순서

1단계: 기본 형태 스케치

눈의 전체적인 틀을 잡기 위해 가로로 길쭉한 타원형(아몬드형)을 그려준다.

눈이 위치할 자리에 가이드라인(수평선과 중심선)을 추가한다.

2단계: 눈꺼풀과 윤곽선 추가

위쪽과 아래쪽 눈꺼풀의 곡선을 부드럽게 추가한다.

눈꼬리 부분을 자연스럽게 연결하여 형태를 정리한다.

3단계: 홍채 & 동공 스케치

눈동자가 들어갈 위치를 정하고, 원형의 홍채(Iris)를 그려준다.

중앙에 동공(Pupil)을 추가하고, 반사광을 남겨준다.

4단계: 속눈썹과 눈꺼풀 주름 추가

속눈썹은 한 올씩 자연스럽게 곡선을 이용해 결을 따라 그려준다.

윗눈꺼풀에 쌍꺼풀 주름을 추가하여 깊이감을 준다.

5단계: 명암과 그림자 표현

홍채의 패턴을 가볍게 그려주고, 동공 주변을 어둡게 만들어 준다.

눈꺼풀 아래와 눈동자의 윗부분에 음영을 추가하여 입체감을 준다.

6단계: 디테일 마무리 & 하이라이트 추가

눈의 반사광을 지우개로 살려주어 빛이 닿는 부분을 강조한다.

속눈썹과 눈썹의 선을 다듬어 자연스럽게 연결하고 전체적인 명암을 조정하며 눈의 깊이감을 완성한다

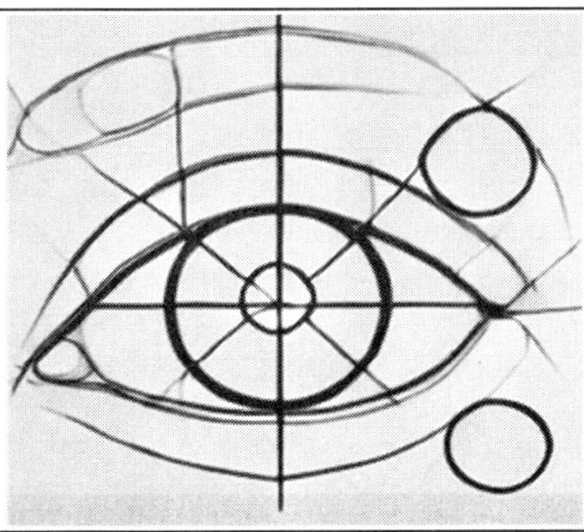

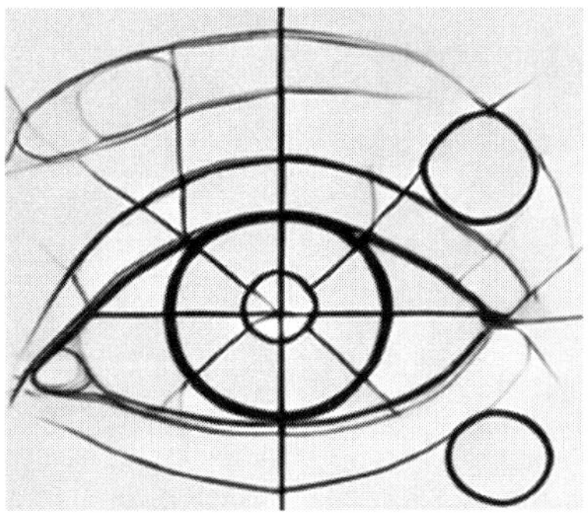

측면

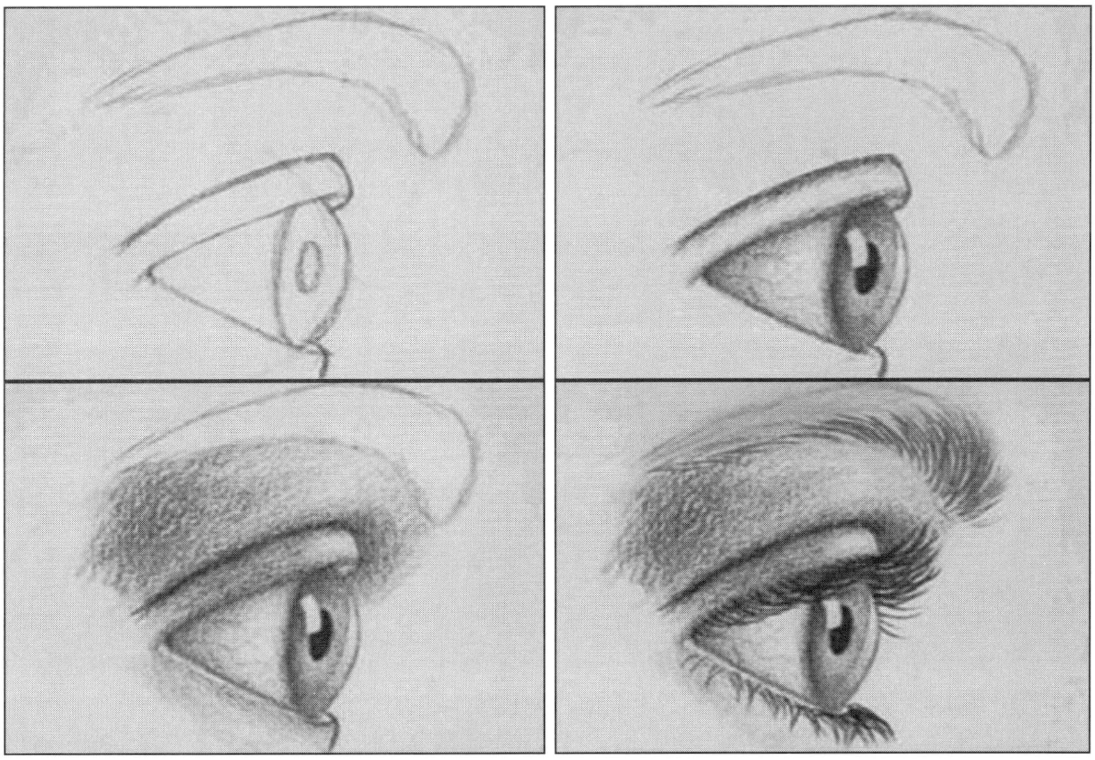

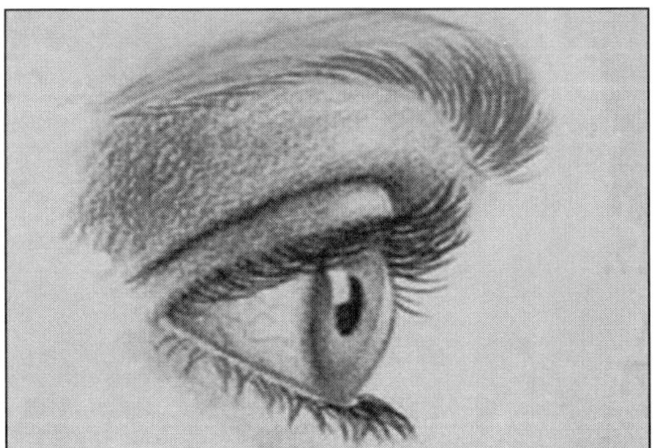

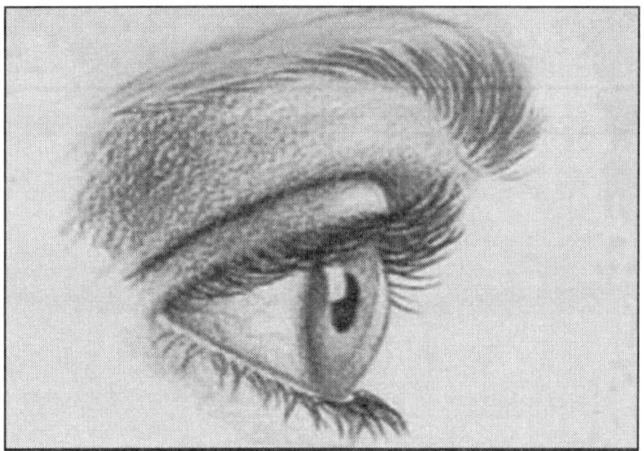

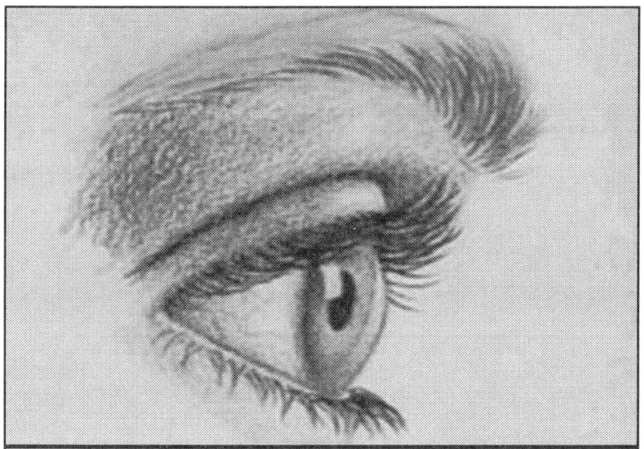

다양한 눈 모양

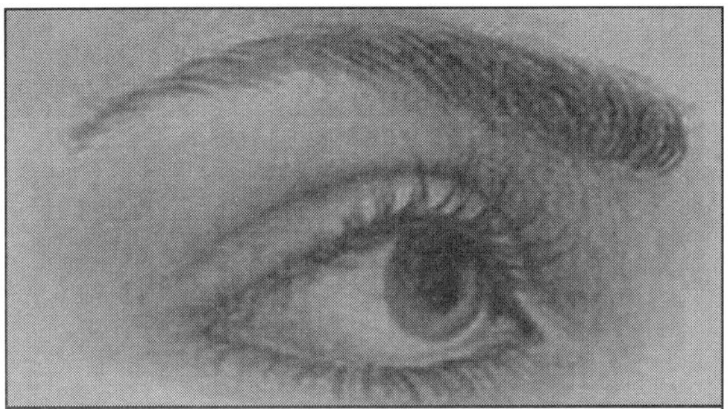

다양한 눈 모양

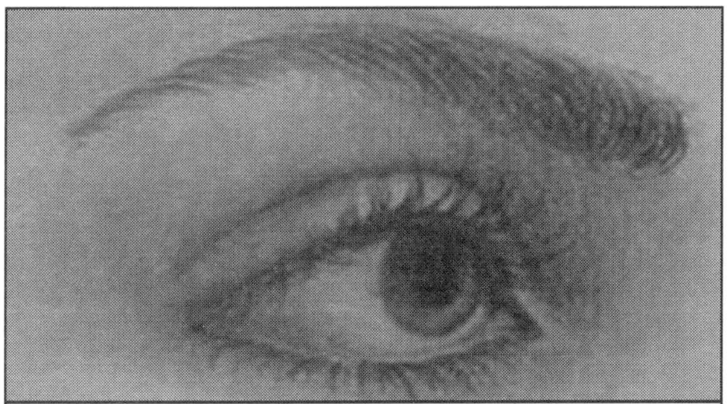

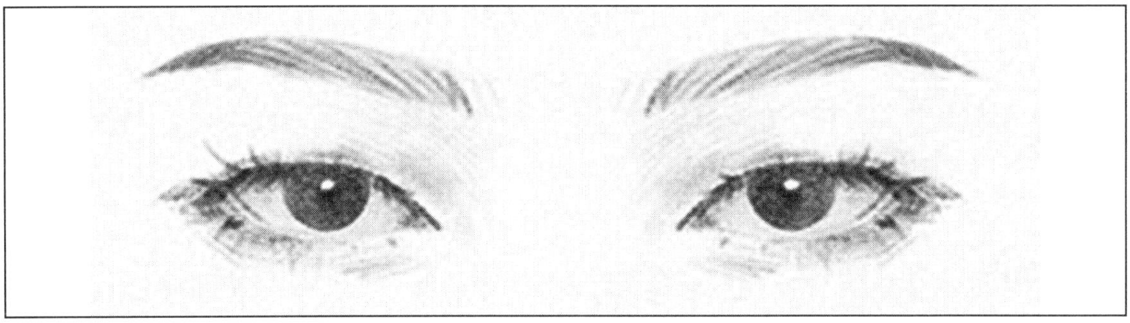

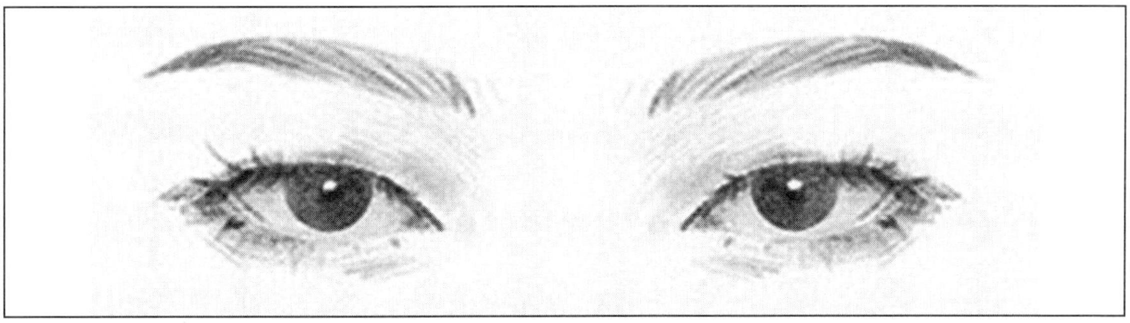

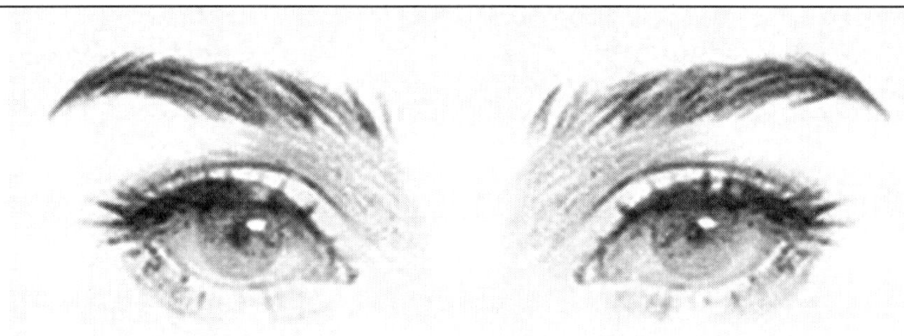

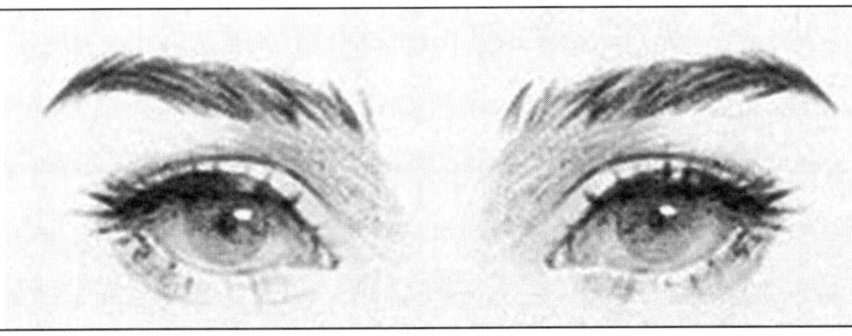

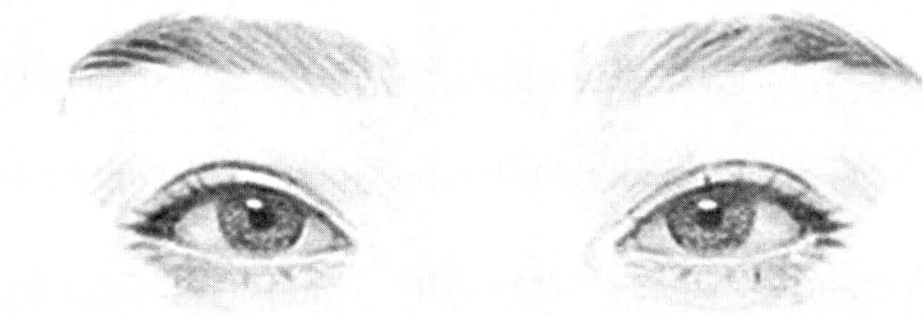

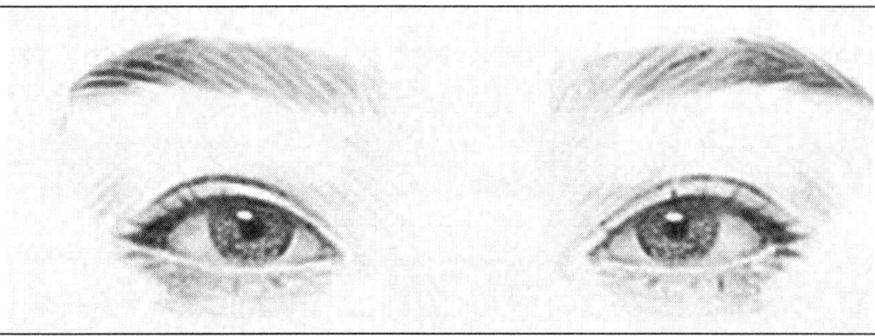

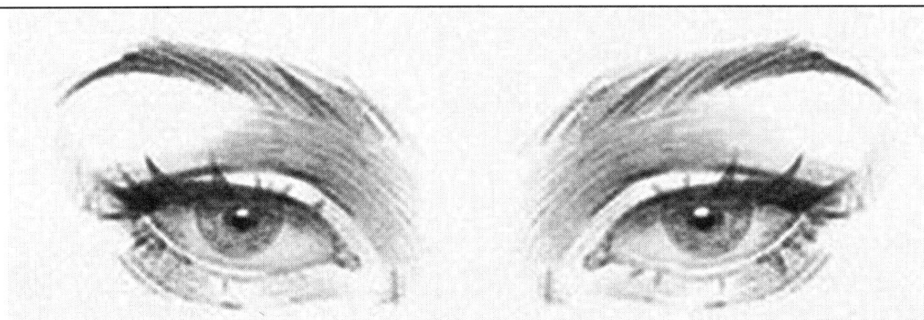

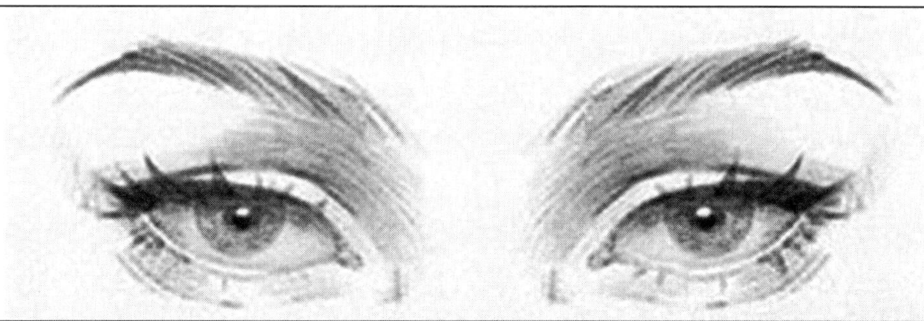

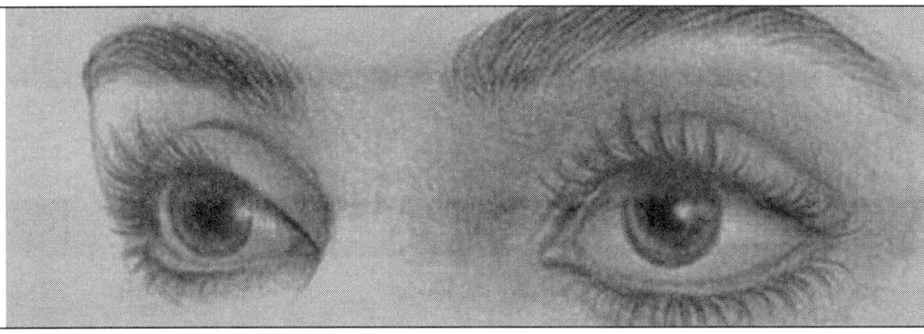

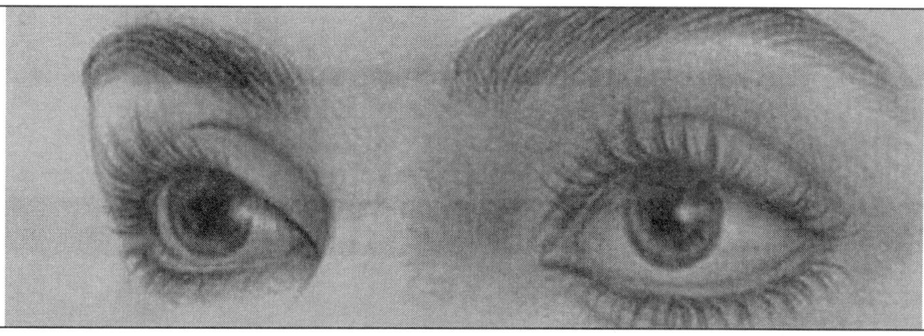

3) 코 그리기

코는 얼굴의 중심에 위치하여 인상을 결정하는 중요한 요소이며, 눈이나 입과 달리 윤곽선이 뚜렷하지 않아, 선보다 명암과 그림자로 표현하는 것이 자연스럽다. 따라서 코를 잘 그리기 위해서는 기본적인 형태를 이해하고, 빛과 그림자의 흐름을 파악하는 것이 필수적이다. 코는 크게 콧대, 콧망울(코끝), 콧구멍으로 나뉘며, 다양한 각도에서 표현하고 명암을 활용한 스케치를 연습하면 더욱 자연스럽고 입체적인 코를 표현할 수 있다.

· 코 그리는 순서

1단계: 기본 형태 스케치

기본 가이드라인 설정: 얼굴 중심선을 기준으로 코의 위치를 정한다.
단순한 도형으로 시작: 삼각형 또는 사각형 형태로 코의 대략적인 구조를 잡는다.

2단계: 콧망울과 콧대 추가

삼각형의 아랫부분에 콧망울(코끝)을 둥글게 추가한다.
콧대는 부드러운 선으로 연결하여 자연스럽게 표현한다.

3단계: 콧구멍 스케치

코끝 아래 양옆에 작은 타원 형태로 콧구멍을 스케치한다.
콧구멍은 너무 진하게 그리지 말고, 부드러운 선으로 표현한다.

4단계: 명암 추가 (입체감 표현)

빛의 방향을 정하고, 콧망울 아래와 콧구멍 주변에 부드러운 그림자를 추가한다.
콧대는 너무 진하게 선을 긋지 않고, 음영으로 자연스럽게 표현한다.
코 옆면에도 그림자를 넣어 입체감을 더욱 강조한다.

5단계: 디테일 정리 & 마무리

지우개를 이용해 빛이 닿는 부분(코끝, 콧대 윗부분)을 정리한다.
명암만으로 코의 윤곽을 표현하여 더욱 자연스러운 코가 완성한다.

정면

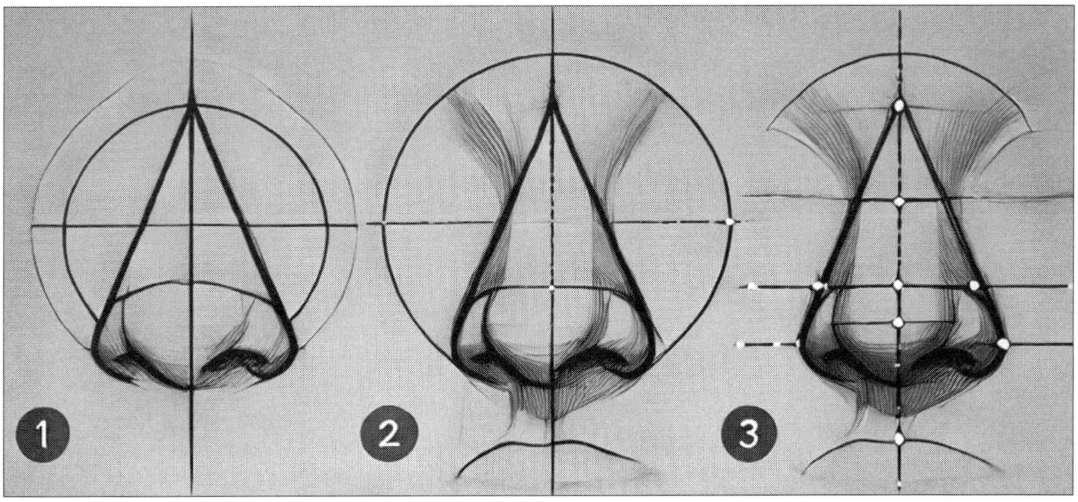

측면

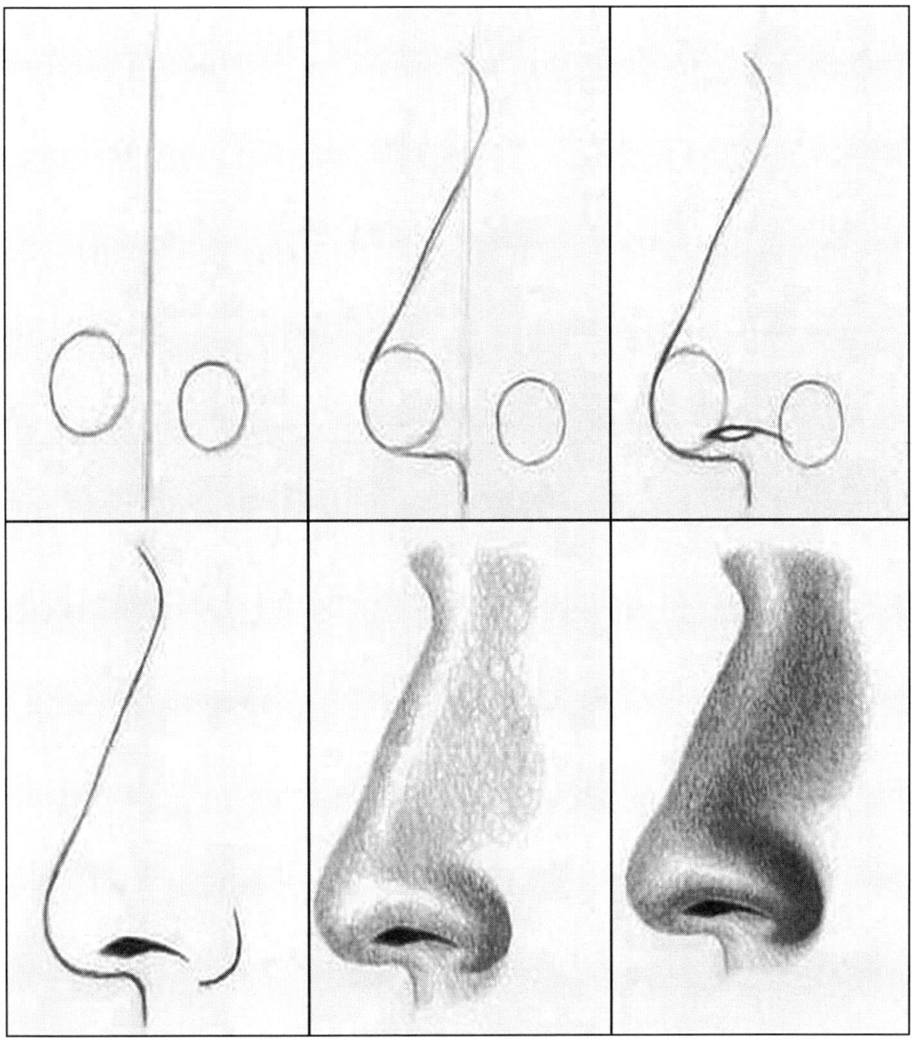

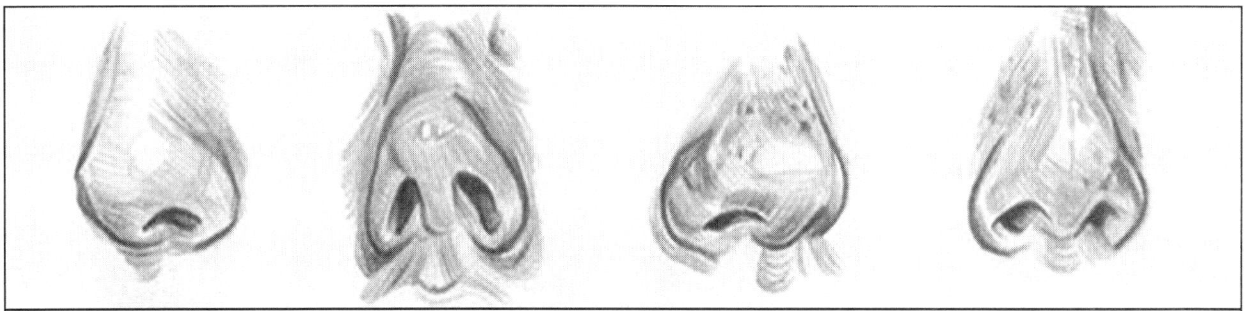

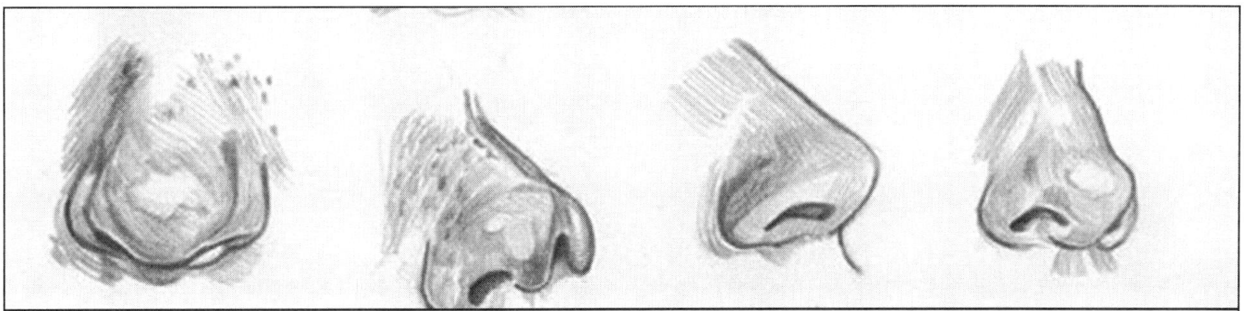

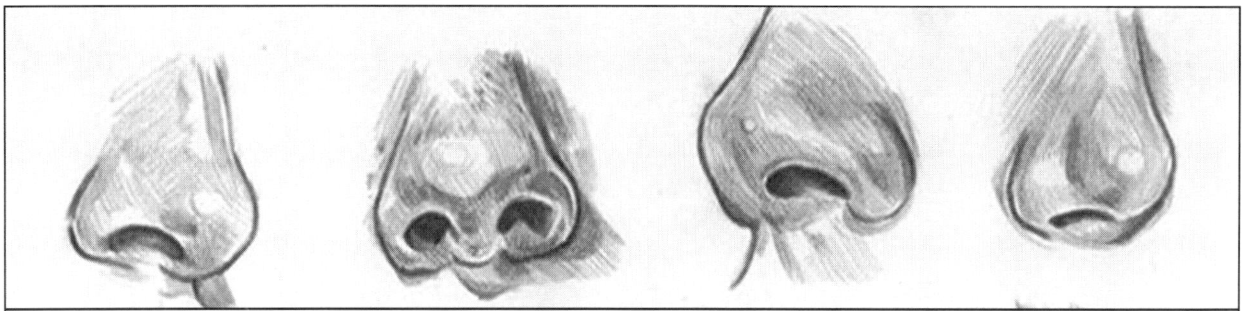

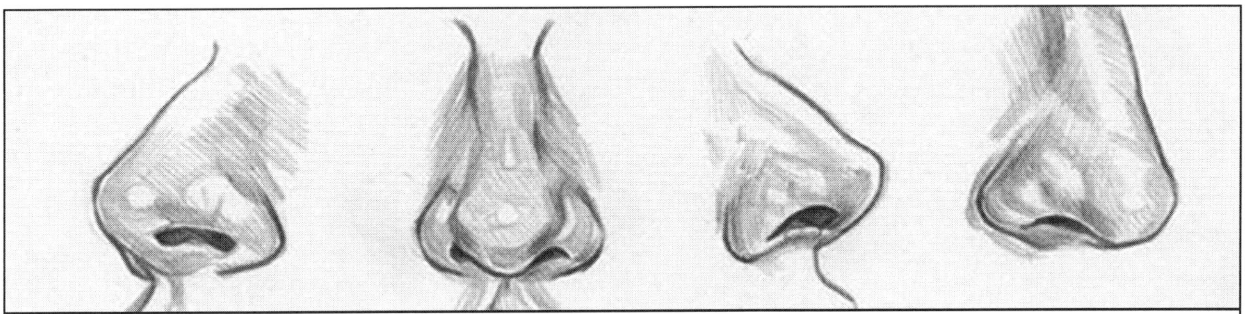

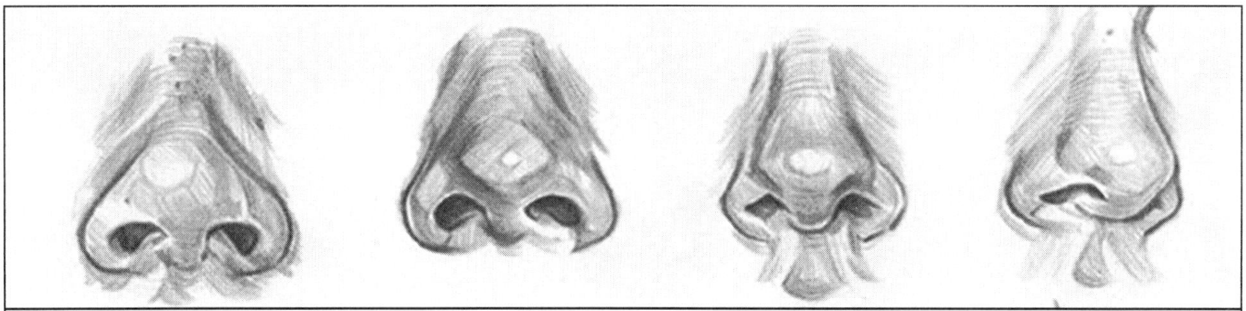

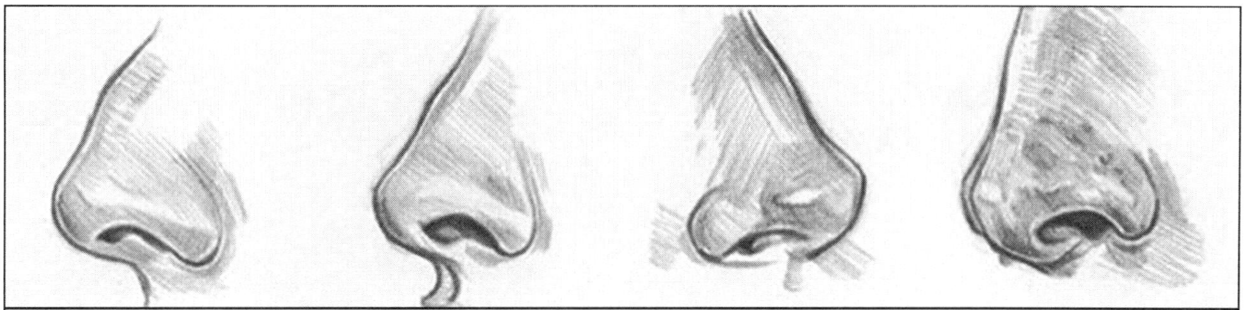

4) 입술 그리기

· 입술 그리는 순서

1단계: 기본 윤곽 그리기
전체 형태 잡기: 연한 연필로 입술의 전체적인 모양을 스케치한 후 타원형이나 부드러운 곡선을 사용해 대략적인 위치를 정한다.

2단계: 중앙 선과 윗입술 윤곽
중앙 선: 윗입술과 아랫입술을 구분하는 중앙 선을 가볍게 그려준다.
윗입술 형태: 중앙 부분에 약간의 V자 형태를 넣어 윗입술의 특징을 표현한 후 양쪽의 곡선은 부드럽게 이어준다.

3단계: 아랫입술 그리기
부드러운 곡선: 아랫입술은 좀 더 풍성하고 자연스러운 곡선을 사용해 그려준다.
두께 조절: 입술의 두께를 표현하기 위해 곡선의 굵기를 조절해 준다.

4단계: 세부 디테일 추가
주름과 텍스처: 입술 표면의 미세한 주름이나 질감을 가볍게 표현한다.
자연스러운 연결: 윗입술과 아랫입술이 자연스럽게 이어지도록 주의하면서 디테일을 더해 준다.

5단계: 음영과 하이라이트
빛의 방향 고려: 빛이 들어오는 방향에 따라 어두운 부분과 밝은 부분을 나누어 음영을 넣어 준다.
입체감 표현: 부드러운 그라데이션을 사용해 입술에 볼륨감과 깊이를 더해 준다..

6단계: 마무리와 수정
전체 밸런스 점검: 전체적인 모양과 음영이 균형을 이루는지 확인한다.
세부 수정: 필요하면 라인을 다듬고 하이라이트를 추가해 마무리 해준다.

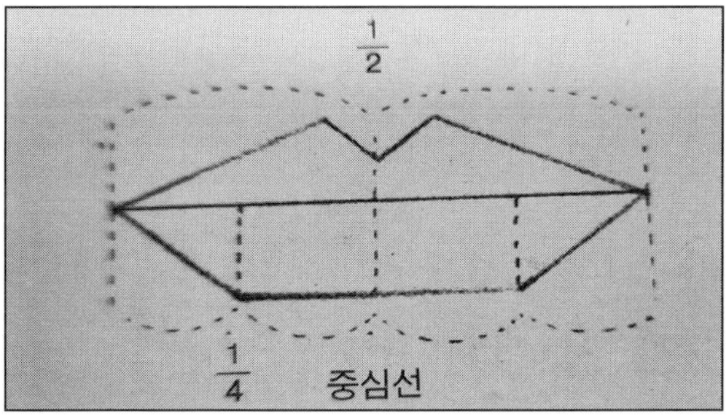
1
2
1
4
중심선

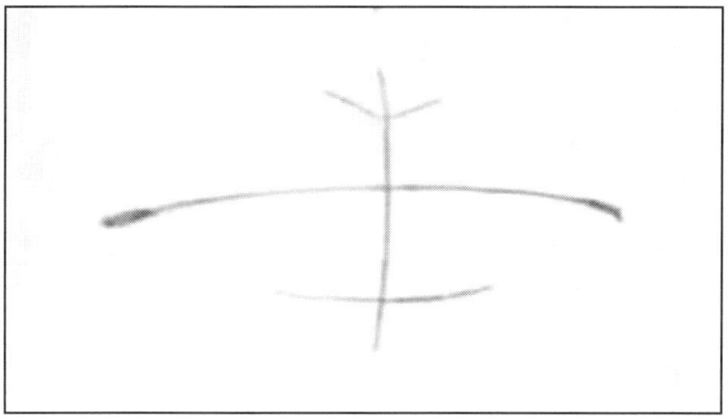

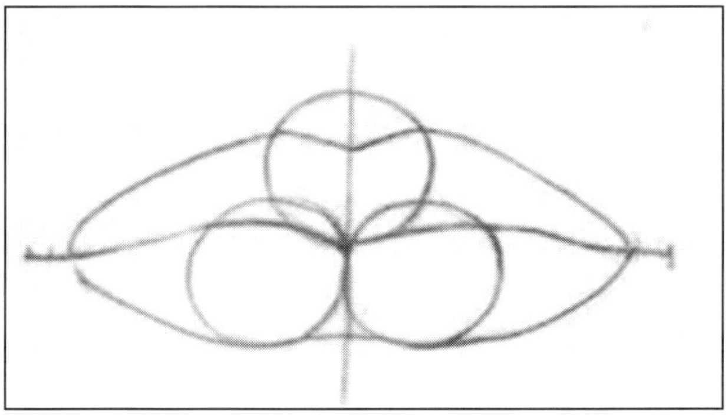

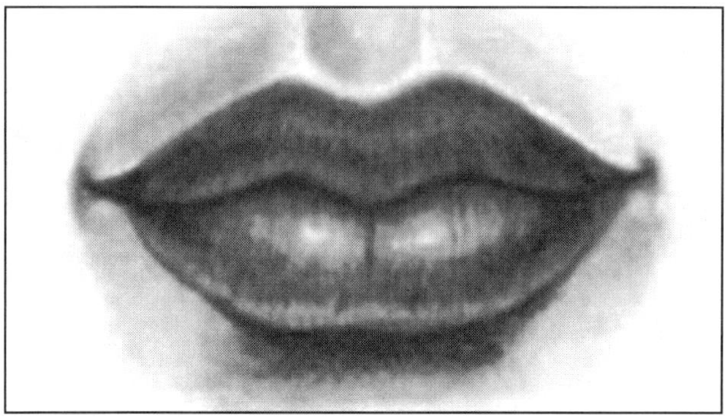

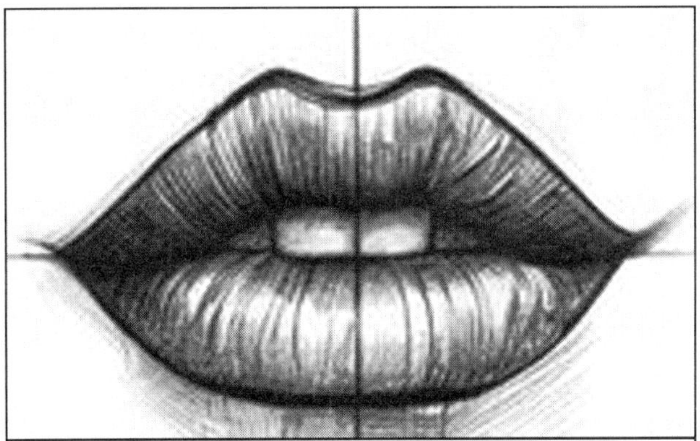

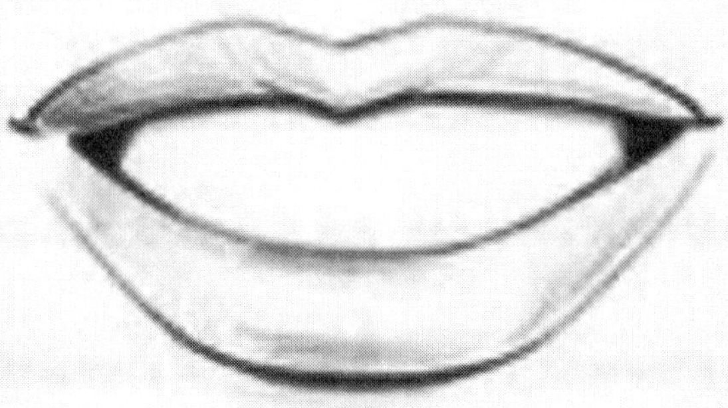

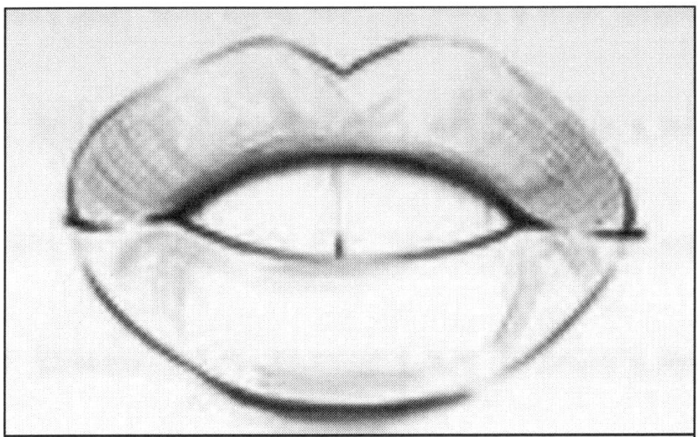

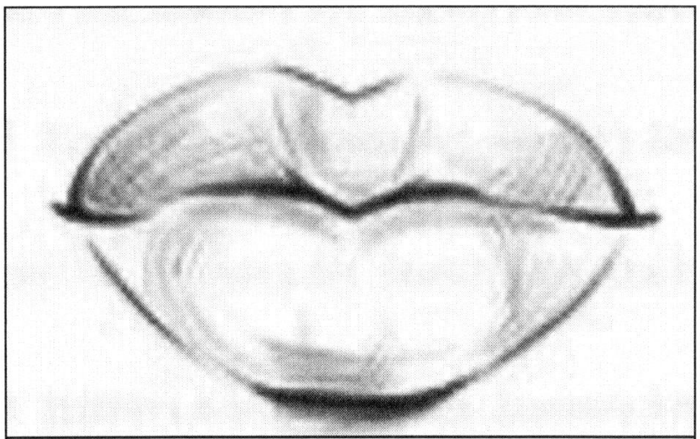

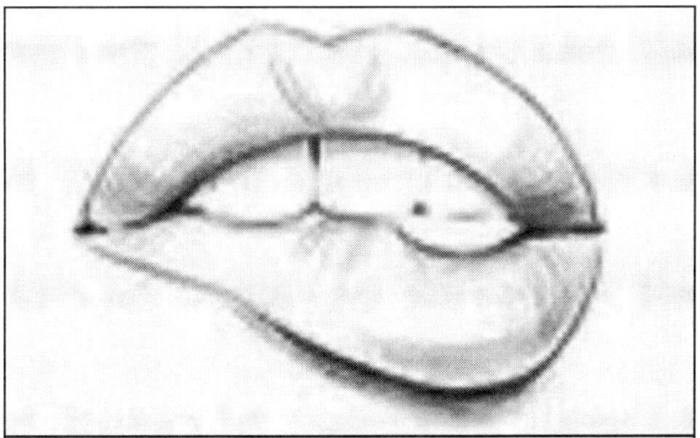

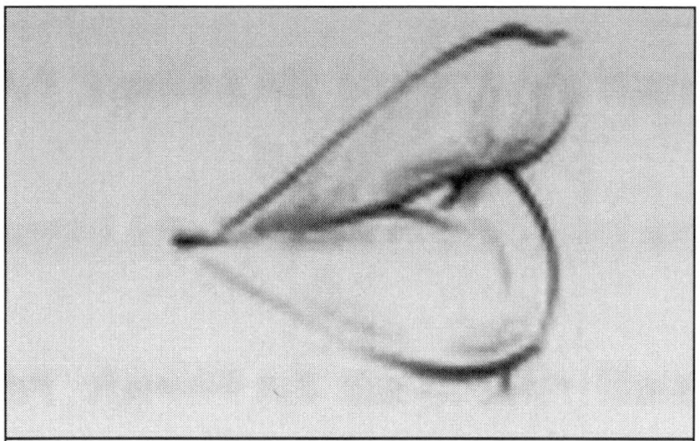

5) 귀 그리기

· 귀 그리는 순서

1단계: 기본 윤곽 잡기
연한 연필로 귀 전체의 타원형 또는 부드러운 곡선 형태를 스케치한다.

2단계: 구조 표현
귀의 외곽(헬릭스)과 내부 곡선(안티헬릭스, 콘차, 트라거스 등)을 가볍게 스케치한다.

3단계: 디테일과 음영 추가
내부 주름과 세부 디테일을 그리고, 빛의 방향에 따라 음영과 하이라이트로 입체감을 준다.

4단계: 최종 수정
전체적인 밸런스를 확인하며 필요시 라인과 음영을 다듬어 완성한다.

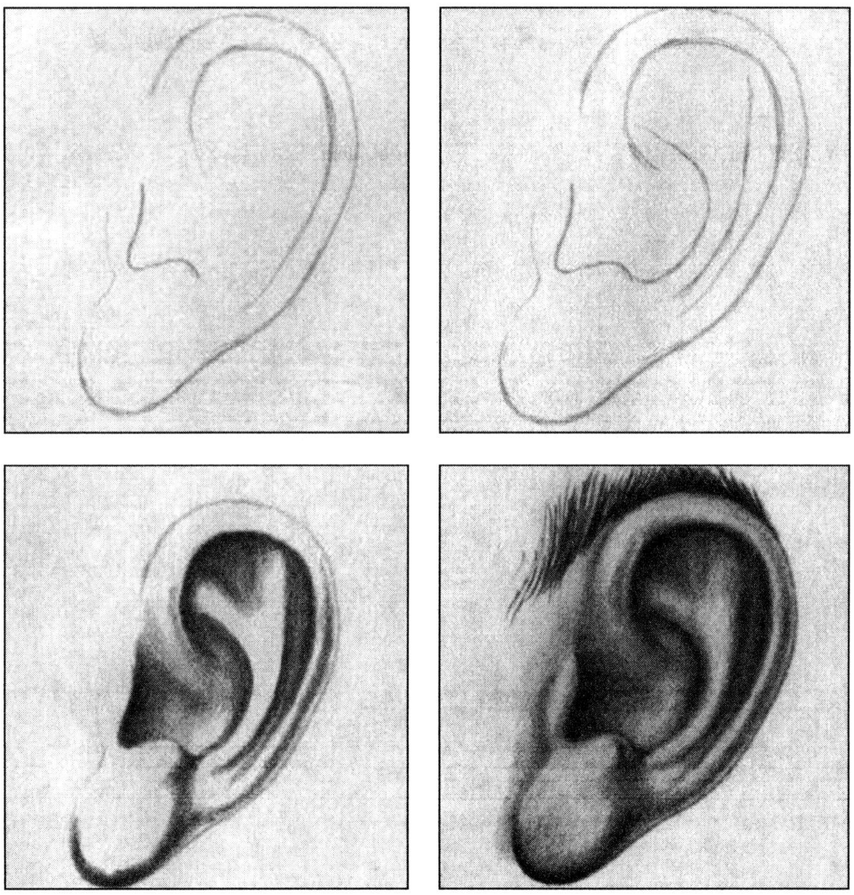

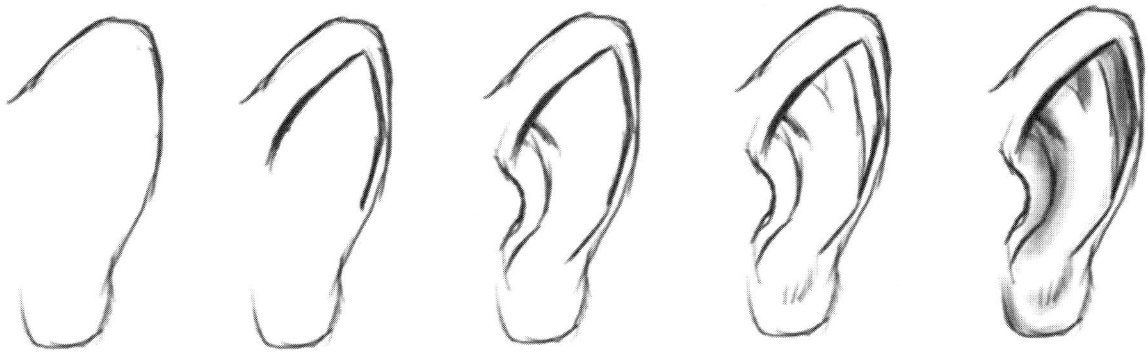

SKETCHBOOK

6) 얼굴 정면

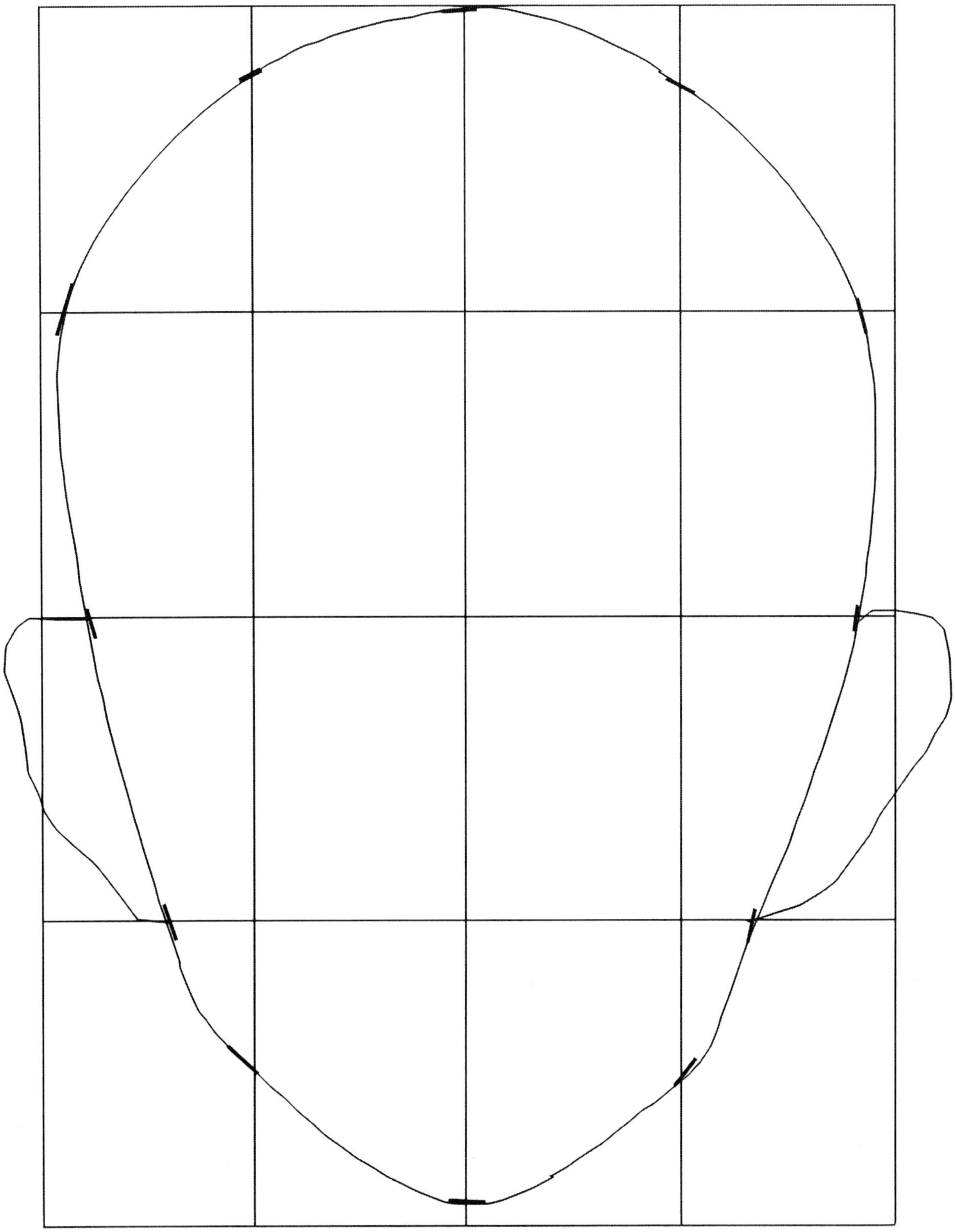

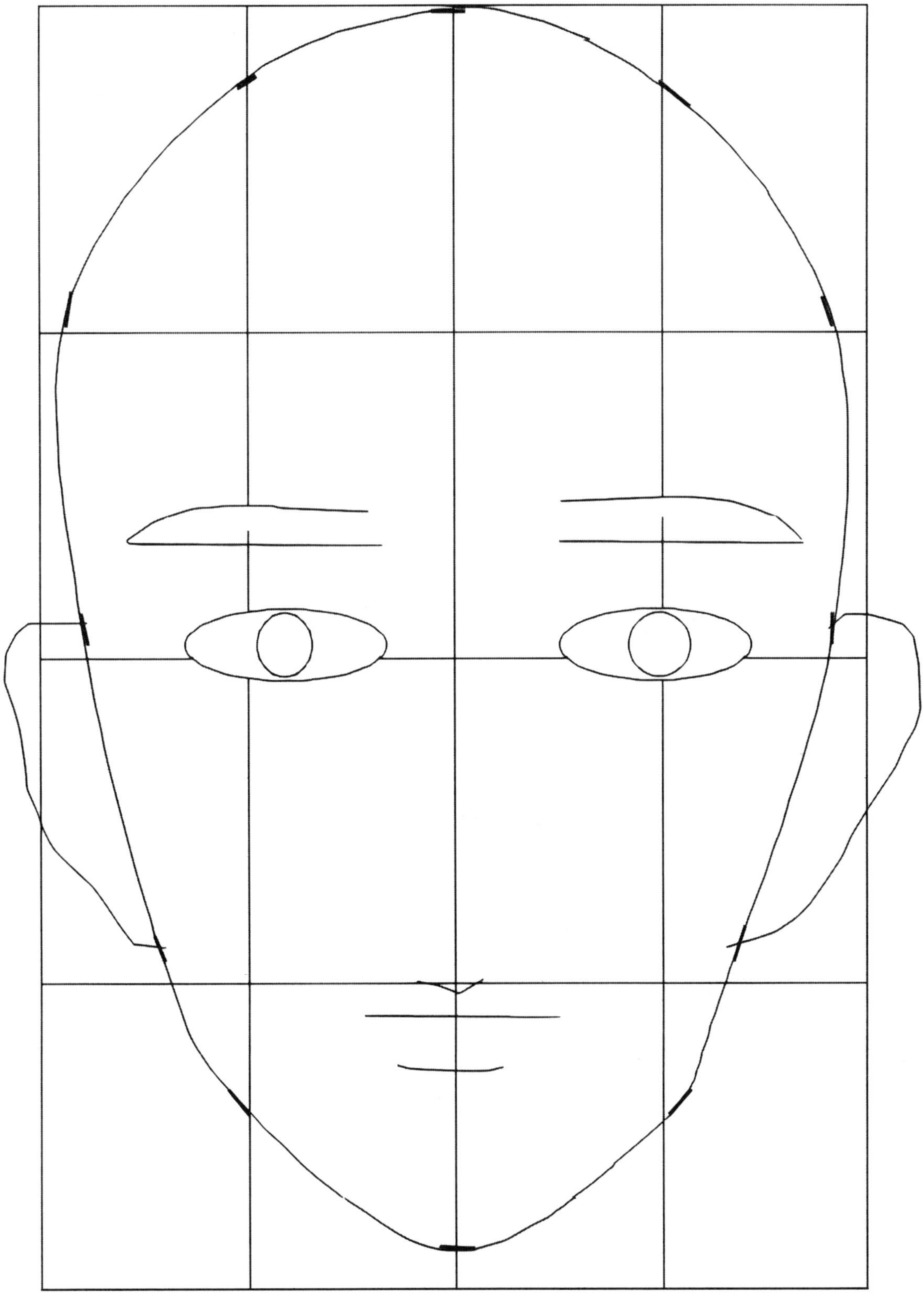

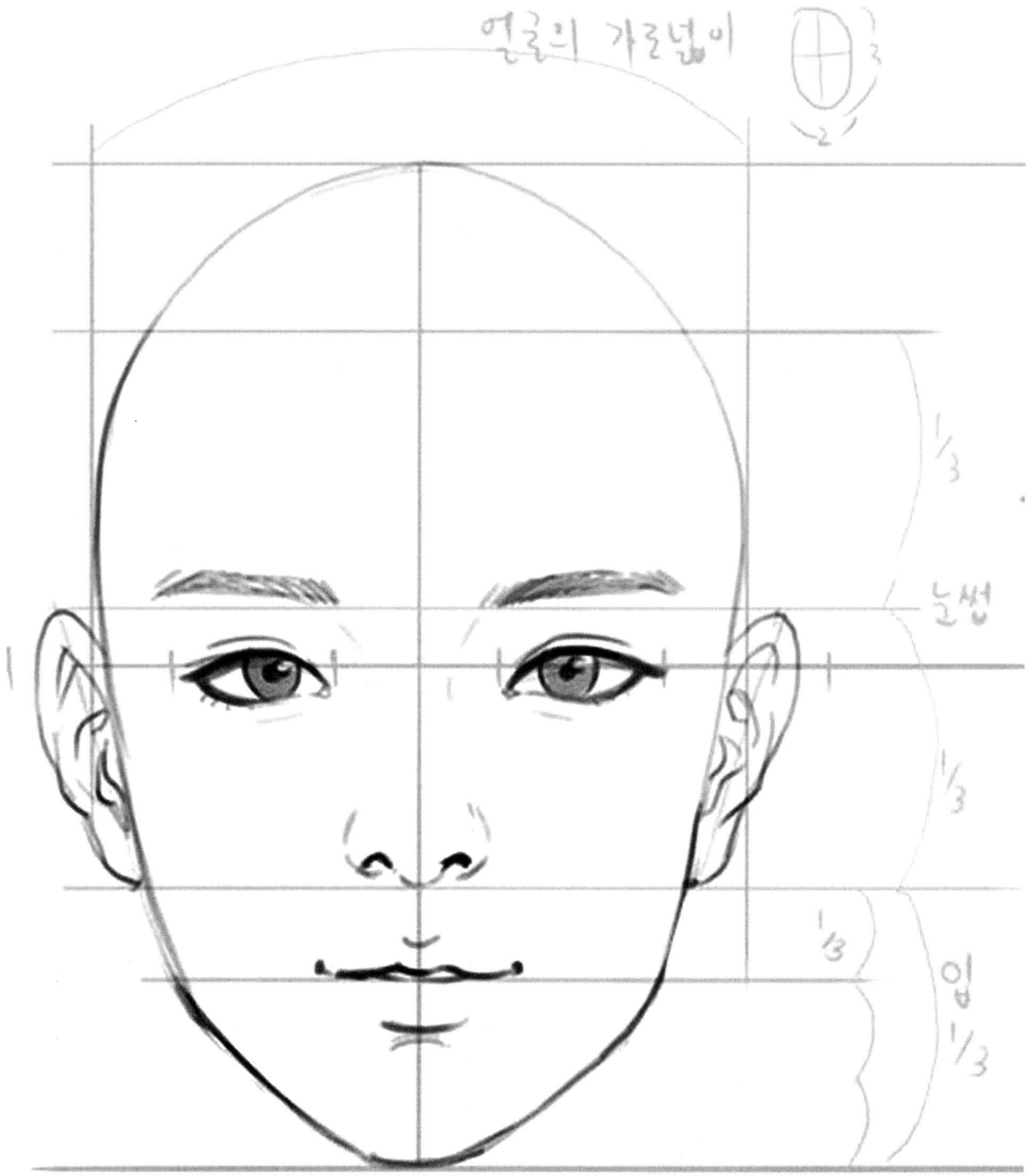
얼굴의 가로넓이
1/3
눈썹
1/3
1/3
입
1/3

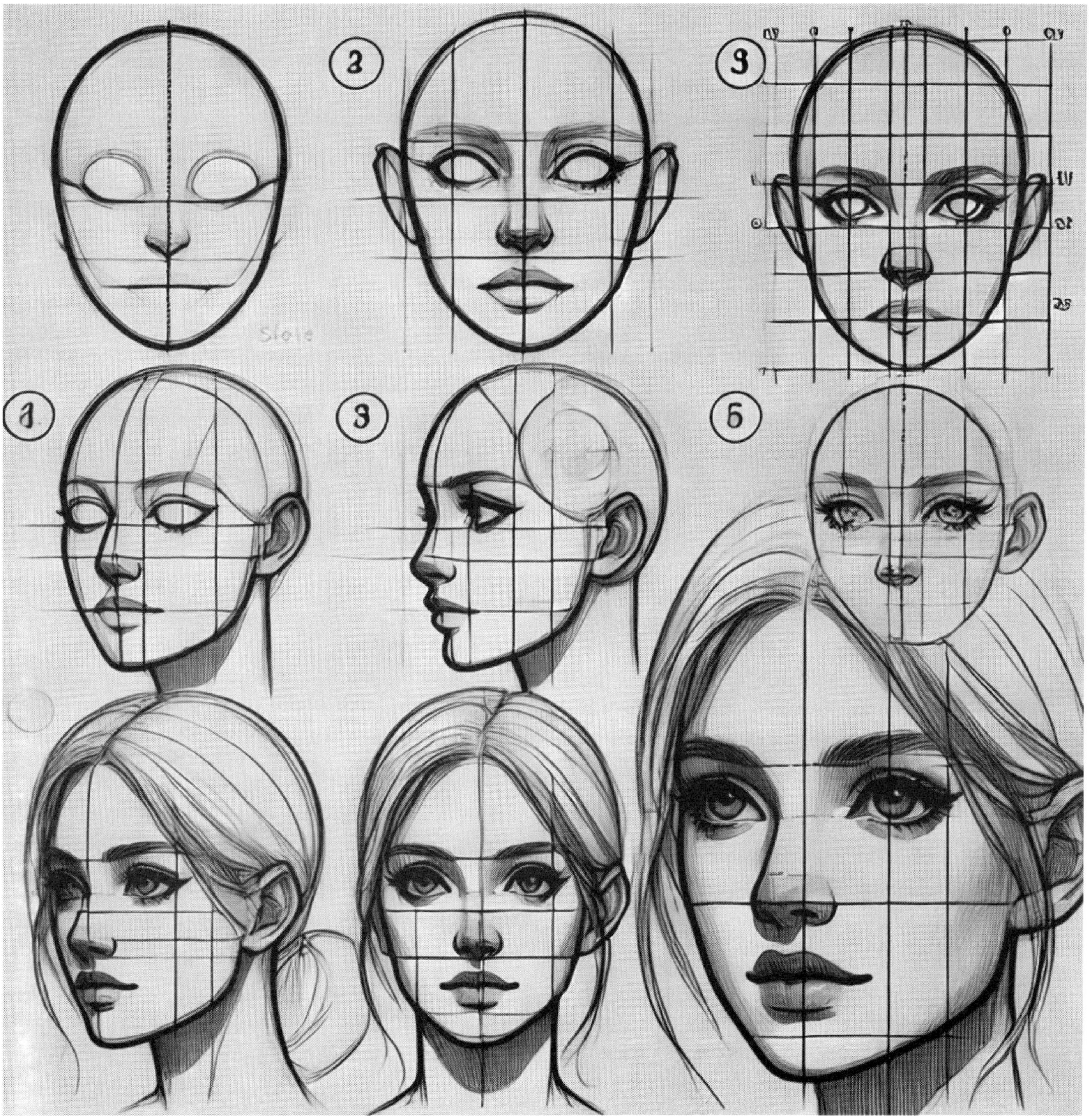

정면 그리기

정면 그리기

정면 그리기

정면 그리기

정면 그리기

7) 얼굴 측면

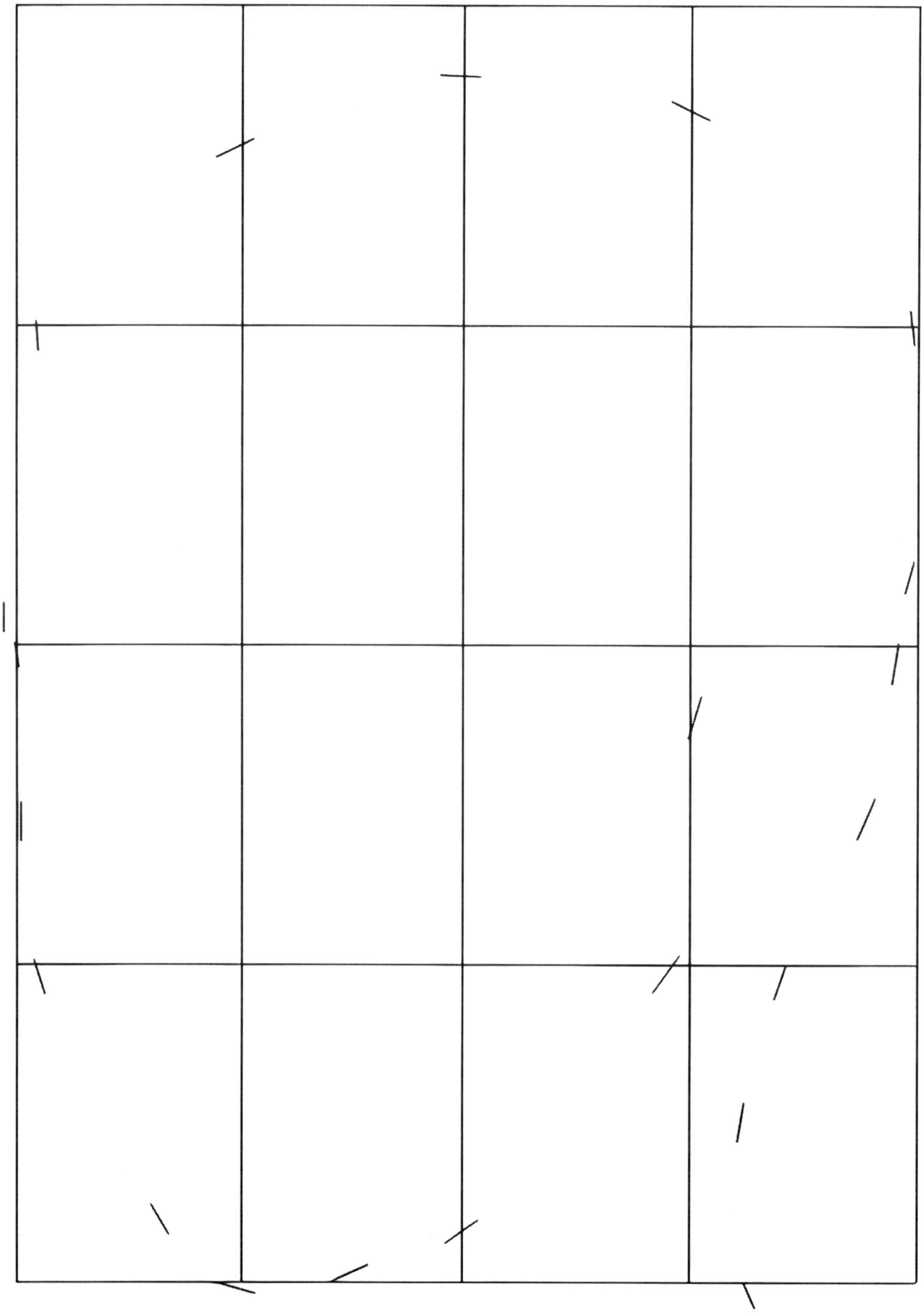

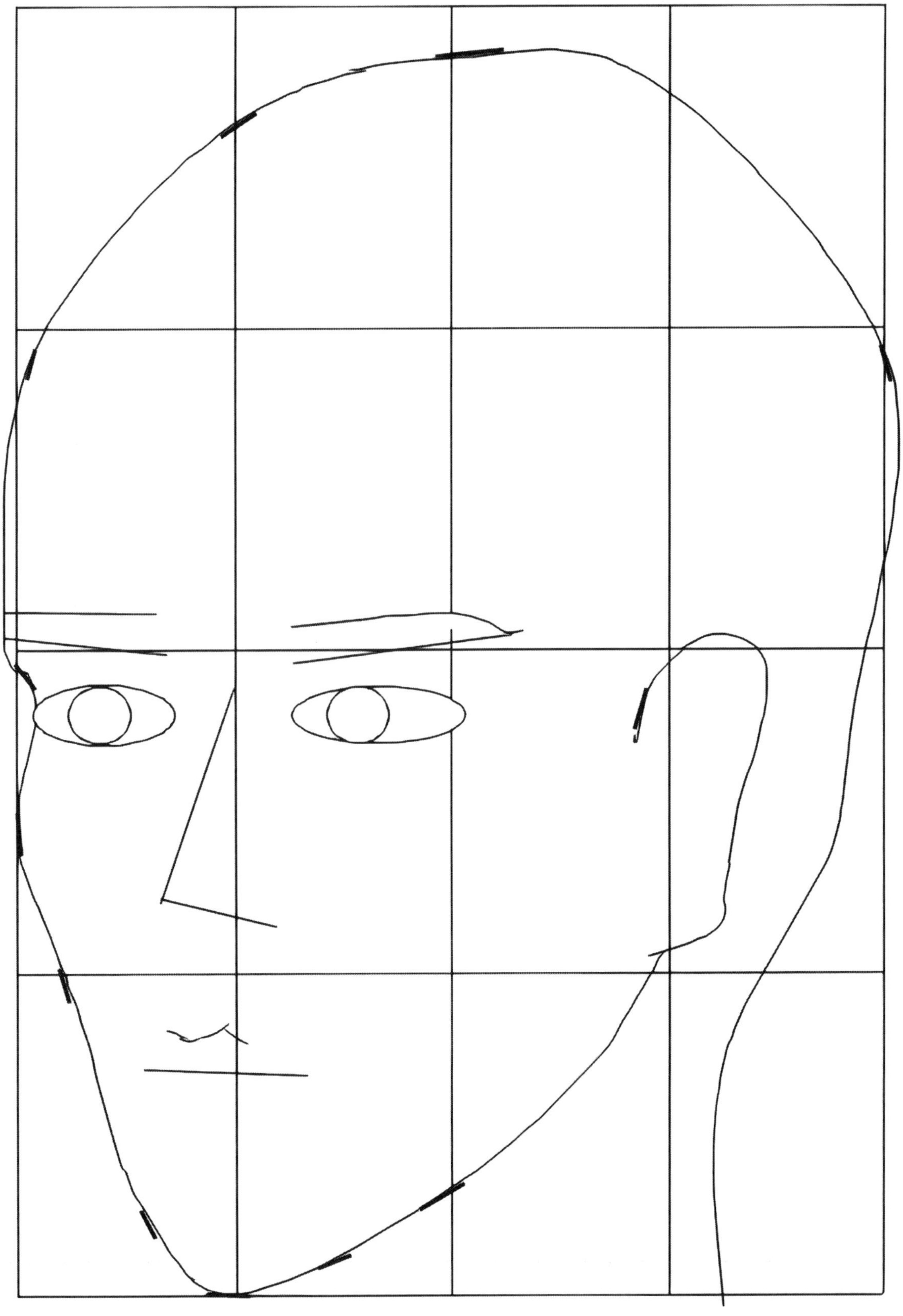

측면 그리기

측면 그리기

측면 그리기

측면 그리기

SKETCHBOOK